JN046328

もくじと学習の記録

本書に関する最新情報は，当社ホームページにある**本書の「サポート情報」**をご覧ください。（開設していない場合もございます。）

1 分数のかけ算とわり算

1 次の問いに答えなさい。
〔金光学園中〕

(1) あきらさんは $\frac{8}{3}$ km を $\frac{5}{7}$ 時間で歩きました。時速何 km で歩きましたか。

( )

(2) 米 1 kg には $\frac{5}{7}$ kg のデンプンがふくまれています。米 $\frac{8}{3}$ kg には何 kg のデンプンがふくまれていますか。

( )

(3) 体積が $\frac{8}{3}$ m³ で，重さが $\frac{5}{7}$ kg の板があります。この板 1 m³ の重さは何 kg ですか。

( )

2 底辺の長さが $\frac{7}{4}$ m で，面積が $\frac{7}{9}$ m² の三角形があります。この三角形の高さは何 m ですか。

( )

3 としおさんの体重は，$35\frac{1}{4}$ kg です。お母さんの体重は，としおさんの $1\frac{2}{3}$ 倍です。お父さんの体重は，としおさんの $2\frac{2}{9}$ 倍です。

(1) お父さんの体重は何 kg ですか。

( )

(2) お父さんの体重は，お母さんの体重の何倍ですか。

( )

4 縦 12 cm，横 16 cm，高さ 18 cm の直方体があります。縦を 0.4 倍，横を $\frac{3}{4}$ 倍，高さを 0.375 倍にすると，体積はもとの直方体の何%になりますか。

(   )

5 ある数に $\frac{2}{3}$ をかけて，7でわるのをまちがえて，7をかけて $\frac{2}{3}$ でわったところ，答えは 8.4 になりました。

(1) 正しい答えはいくつですか。

(   )

(2) 正しい答えは，まちがった答えの何倍ですか。

(   )

6 あるリボンの全体の $\frac{2}{7}$ を姉が切り取って使い，残りの $\frac{3}{8}$ を妹が切り取って使ったところ，リボンは 4.2 m 残りました。はじめのリボンの長さは何 m ですか。

(   )

7 A さんはもらったお年玉の $\frac{1}{4}$ を貯金し，残りのお金から 3000 円を使いました。このとき，残金ははじめにもらったお年玉の 60% になっていました。もらったお年玉の金額はいくらですか。 〔賢明女子学院中〕

(   )

8 $a \times \frac{4}{3} = b \div 0.25 = c \times \frac{3}{2} = d \div \frac{3}{5}$ となるとき，a，b，c，d を左から小さい順に並べなさい。 〔南山中男子部〕

(   )

1 分数のかけ算とわり算 → ハイクラス

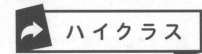

1 6年生が遠足に行きます。全体の道のりの $\frac{2}{3}$ はバスに乗り，あとは歩きます。歩く道のりのうち $\frac{2}{7}$ は山道になっています。山道は3kmあります。全体の道のりはどれだけですか。(10点)

（　　　　　　　　）

2 Aさんは132ページの本を3日間で読みきりました。2日目には1日目に読んだ量の $\frac{4}{5}$ を，3日目には2日目に読んだ量の $\frac{3}{4}$ を読んだとすると，1日目には何ページ読んだことになりますか。(10点)

〔共立女子第二中〕

（　　　　　　　　）

記述式
3 Aさん，Bさん，Cさんの3人は，おじさんからおこづかいをもらいました。Bさんは全体の $\frac{1}{4}$ をもらい，CさんはAさんの1.5倍もらいました。また，最も多かった人と最も少なかった人とでは800円の差がありました。このとき，Cさんがもらった金額を次のような計算で求めました。㋐〜㋓の式がそれぞれ何を表しているか書きなさい。(20点/1つ5点)

〈計算〉

$1 - \frac{1}{4} = \frac{3}{4}$ 　　　…AさんとCさんがもらった合計金額の，全体に対する割合

$\frac{3}{4} \div (1 + 1.5) \times 1 = \frac{3}{10}$ …㋐

$\frac{3}{4} - \frac{3}{10} = \frac{9}{20}$ 　　…㋑

$\frac{9}{20} - \frac{1}{4} = \frac{1}{5}$ 　　…㋒

$800 \div \frac{1}{5} = 4000$ 　　…㋓

$4000 \times \frac{9}{20} = 1800$ 　…Cさんがもらった金額

㋐（　　　　　　　　　　　　　　　　　　　）

㋑（　　　　　　　　　　　　　　　　　　　）

㋒（　　　　　　　　　　　　　　　　　　　）

㋓（　　　　　　　　　　　　　　　　　　　）

4 ある中学高等学校6年一貫校の中学の生徒数は，全体の$\frac{2}{5}$より136人多く，高校の生徒数は，全体の$\frac{3}{7}$より44人多いそうです。中学校の生徒数は何人ですか。(10点) 〔立教女学院中〕

（　　　　　　　）

5 バスが何人かの乗客を乗せてA駅を出発しました。最初のバス停で乗客の$\frac{1}{4}$が降りて3人が乗りました。2つ目のバス停でそのとき乗っていた乗客の$\frac{1}{3}$が降りて3人が乗りました。3つ目のバス停でそのとき乗っていた乗客の$\frac{1}{5}$が降りて2人が乗りました。このとき，バスの中にいる乗客は22人でした。

(20点 /1つ10点)〔武庫川女子大附中〕

(1) 3つ目のバス停で降りたのは何人ですか。

（　　　　　　　）

(2) A駅を出発したとき，乗客は何人でしたか。

（　　　　　　　）

6 ある日の昼の長さが夜の長さの$\frac{2}{15}$だけ長いとき，昼の長さは何時間何分ですか。ただし，1日は，昼の長さと夜の長さを合わせて24時間とします。

(10点)〔関西大中〕

（　　　　　　　）

7 A，B，Cの3つの箱の中に，おはじきが何個かずつ入っていて，その合計は270個です。Aに入っているおはじきの$\frac{1}{3}$をAからBに移し，次に，Bに入っているおはじきの$\frac{1}{4}$をBからCに移したところ，3つの箱に入っているおはじきの個数は等しくなりました。(20点 /1つ10点) 〔明星中〕

(1) はじめにAに入っていたおはじきは何個でしたか。

（　　　　　　　）

(2) はじめにBに入っていたおはじきは何個でしたか。

（　　　　　　　）

2 文字と式

標準クラス

1 次の関係を x, y を使った式に表しなさい。

(1) 80点と x 点の平均は y 点です。

(　　　　　　　　)

(2) 200gの合金に6gの金がふくまれています。この合金 x g の中に y g の金が ふくまれています。

(　　　　　　　　)

2 ある数に6をかけて，6をたし，6でわり，6をひくと6になりました。

(1) ある数を x として，問題を x を使って表しなさい。

(　　　　　　　　)

(2) ある数を求めなさい。

(　　　　　　　　)

3 よしおさんは x 円を持って，買い物に行きました。持っていたお金の $\frac{2}{5}$ を使 いケーキを買いました。次に残りの $\frac{3}{4}$ を使って花を買うと，150円残りました。 はじめに持っていたお金はいくらでしたか。

(　　　　　　　　)

4 ある品物に仕入れ値の2割5分の利益を見こんで定価をつけ，その定価の1割 引きの値段で売ったところ，40円の利益がありました。

(1) 仕入れ値を x 円として，問題を x を使った式で表しなさい。

(　　　　　　　　)

(2) この商品の仕入れ値はいくらですか。

(　　　　　　　　)

5 3つの数あ，い，うがあります。いはうより5大きく，あはいより20大きい数です。3つの数の合計は453です。あはいくつですか。〔同志社中〕

(　　　　　)

6 姉と妹合わせて，60000円持っています。妹は全体の x ％持っています。姉と妹の持っているお金の差は，3000円です。

(1) 姉が多く持っている場合，妹の持っている割合は，何％ですか。

(　　　　　)

(2) 妹が多く持っている場合，妹の持っている割合は何％ですか。

(　　　　　)

7 3kmはなれたA地点に45分かけて行くのに，はじめは分速80mで x 分間歩きましたが，それでは早く着きすぎるので，とちゅうから分速60mで歩くと，予定より5分早く着きました。分速80mで歩いた時間は何分ですか。〔大阪信愛学院中－改〕

(　　　　　)

8 ある列車が一定の速さで動いています。この列車が長さ840mのトンネルに入り始めてから完全に出るのに30秒かかり，トンネルの2倍の長さの鉄橋をわたり始めてからわたり終わるまでに51秒かかりました。この列車の秒速と長さを求めなさい。〔近畿大附属和歌山中〕

秒速(　　　　　) 長さ(　　　　　)

9 次の問いに答えなさい。

(1) のう度8％の食塩水350gに15％の食塩水を加えて10％の食塩水をつくります。15％の食塩水を何g加えればよいですか。〔上宮学園中〕

(　　　　　)

(2) 6％の食塩水と14％の食塩水を混ぜると10.5％の食塩水が800gできました。このとき，混ぜた6％の食塩水の量は何gですか。〔立命館中〕

(　　　　　)

3 比

標準クラス

1 ある小学校の女子児童は，216人です。男子児童数と女子児童数の比は，13：12です。この小学校の全校児童数は何人ですか。　〔賢明女子学院中〕

(　　　　　　　)

2 Aの$\frac{1}{4}$倍とBの$\frac{2}{3}$倍が等しいとき，A：Bを最も簡単な整数の比で表しなさい。　〔柳学園中〕

(　　　　　　　)

3 はじめ，兄と弟はカードを合わせて320枚持っていました。兄が弟に60枚あげたので，兄と弟が持っているカードの枚数の比は2：3になりました。はじめに兄はカードを何枚持っていましたか。　〔明星中〕

(　　　　　　　)

4 Aさんは5400円，Bさんは4200円持っています。AさんがBさんにいくらかわたしたところ，AさんとBさんの持っている金額の比が3：5になりました。AさんがBさんにわたした金額を求めなさい。

(　　　　　　　)

5 14400円を，Aさん，Bさん，Cさんの3人で，3：4：5の割合で分けます。Cさんがもらう金額を求めなさい。　〔帝塚山学院中〕

(　　　　　　　)

6 雪子さんと花子さんと春子さんの3人の所持金の合計は1万円です。雪子さんと花子さんの所持金の比は2：3，花子さんと春子さんの所持金の比は9：5です。春子さんの所持金はいくらですか。 〔大阪教育大附属平野中〕

( )

7 100円玉の枚数は500円玉の枚数の3倍で，金額の合計は2400円です。100円玉と500円玉はそれぞれ何枚ありますか。 〔樟蔭中〕

100円玉 ( )　500円玉 ( )

8 A，B，Cの3つの荷物があります。Bの重さはAの重さの1.4倍で，BとCの重さの比は7：8です。3つの荷物の合計は60kgです。一番重い荷物の重さを求めなさい。 〔甲南女子中〕

( )

9 あやなさん，ちなみさん，みきさんの3人が同じ値段のおそろいのシャツを買ったところ，あやなさんははじめに持っていたお金の $\frac{2}{7}$，ちなみさんは $\frac{1}{4}$，みきさんは $\frac{7}{17}$ がそれぞれ残りました。3人がはじめに持っていた金額の比を求めるのに，次のように考えました。㋐〜㋘にあてはまる数や式を書きなさい。

〈考え方〉

あやなさんはシャツを買った後，はじめに持っていたお金の $\frac{2}{7}$ が残ったので，シャツの代金はあやなさんがはじめに持っていたお金の ㋐ にあたる。したがって，

　あやなさんがはじめに持っていたお金 ＝ シャツの代金 × ㋑

同じように，

　ちなみさんがはじめに持っていたお金 ＝ ㋒

　みきさんがはじめに持っていたお金 ＝ ㋓

シャツの代金は3人とも同じなので，3人がはじめに持っていた金額の比は，

　あやなさん：ちなみさん：みきさん ＝ ㋑ ： ㋔ ： ㋕

最も簡単な整数の比に直して，㋖ ： ㋗ ： ㋘

㋐( )　㋑( )　㋒( )　㋓( )

㋔( )　㋕( )　㋖( )　㋗( )　㋘( )

3 比

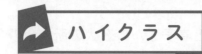 ハイクラス

答え ▶ 別冊4ページ

時　間	35分	得　点
合　格	80点	点

---

1 2本のひもA，Bがあります。AはBより27cm長く，Aの$\frac{1}{3}$の長さとBの$\frac{1}{2}$の長さの比は7：6です。Aの長さは何cmですか。(10点)　〔広島学院中〕

(　　　　　　)

2 Aの所持金を4倍した金額と，Bの所持金を3倍した金額の比は3：4です。また，Bの所持金の$\frac{3}{8}$とCの所持金の$\frac{1}{3}$は等しく，BとCの所持金の合計は2720円です。(20点/1つ10点)　〔桜美林中〕

(1) AとBの所持金の比を，最も簡単な整数の比で表しなさい。

(　　　　　　)

(2) Aの所持金はいくらですか。

(　　　　　　)

3 A，B，Cの3人が持っているえん筆は全部で96本です。AとBの持っているえん筆の本数の比は3：5で，CはAの2倍より12本多く持っています。Cはえん筆を何本持っていますか。(10点)　〔大宮開成中〕

(　　　　　　)

4 (図1)のように，長方形を対角線で折り返しました。角⑦と角⑦の大きさの比が8：5であるとき，角xの大きさを求めなさい。(10点)　〔慶應義塾中〕

(図1)
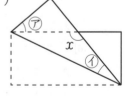

(　　　　　　)

5 兄は1500円，弟は1200円を持ってノートとえん筆を買いに行きました。兄はノートを5冊，えん筆を6本買い，弟はノートを3冊，えん筆を8本買いました。2人の残金を合計すると240円ありました。ノートとえん筆の値段の比は5：3です。弟の残金はいくらですか。(10点)　〔関西学院中〕

(　　　　　　)

6 2つのコップA，Bに水が入っています。Aの水の$\frac{1}{3}$をBに移し，次にBの水の半分をAに移すとAとBに入っている水の量が入れかわりました。はじめに入っていたAとBの水の量の比を求めなさい。(10点) 〔奈良学園登美ヶ丘中〕

( )

7 A，B，Cの3つの箱にボールが入っています。A，B，Cそれぞれの箱に入っているボールの個数の比は8：5：4でした。Cの箱に入っているボールの半分をBの箱に，Aの箱に入っているボールのうち，24個をBの箱に移動させたところ，A，B，Cそれぞれの箱に入っているボールの個数の比は16：29：6となりました。このとき，はじめにBの箱に入っていたボールの個数は何個だったか答えなさい。(10点) 〔立命館中〕

( )

8 4つの整数A，B，C，Dがあり，その和は200です。また，次の4つの数はすべて等しくなります。
・Aを3倍した数　　　　・Bに5を加えた数
・Cから10をひいた数　・Dを2でわった数
このとき，B：Cを最も簡単な整数の比で答えなさい。(10点) 〔上宮学園中一改〕

( )

9 重さのちがう石が4つあり，軽い順に①，②，③，④とします。4つの石の重さの合計は1430gで，④の重さは①の4倍で，③の重さは②の$\frac{3}{2}$倍です。また，①と②の重さの合計と③と④の重さの合計の比は3：8です。このとき，①～④の石の重さをすべて求めなさい。(10点) 〔ノートルダム清心中〕

①( )　②( )　③( )　④( )

4 速さと比

1 Aさんが家から目的地に行くのに，行きは毎時3km，帰りは毎時6kmで歩きました。Aさんが家から目的地までを往復するのに4時間かかりました。

〔浪速中〕

(1) 行きにかかった時間は何時間何分ですか。

( )

(2) 家から目的地までの道のりは何kmですか。

( )

2 A町とB町の間を往復します。行きは分速50m，帰りは分速40mで歩いたので合計6時間かかりました。A町とB町の間のきょりを求めなさい。ただし，考え方や式なども書くこと。

〔金蘭千里中－改〕

〈考え方〉

( )

3 ともやさんとはるきさんが400m走をしました。ともやさんがゴールしたとき，はるきさんはゴールまであと16mのところにいました。2人が同時にゴールするためには，ともやさんのスタートラインを何m後ろに下げればよいでしょうか。

( )

4 Aさん，Bさん，Cさんの3人が100m走をしたところ，Aさんは17秒，Cさんは14秒でゴールしました。また，Bさんがゴールしたとき，Aさんは12.5m後ろを走っていました。3人の走る速さの比A：B：Cを求めなさい。

( )

5 家から駅まで分速45mの速さで歩くと予定の時刻より6分おくれて着き，分速63mの速さで歩くと予定の時刻より2分早く着きます。家から駅までのきょりは何mですか。 〔関西大学中〕

（　　　　　　　）

6 みゆきさんは毎朝午前8時25分に家を出て，分速60mで歩いて登校しています。学校に着くのが始業時刻ちょうどなので，明日からは始業時刻の3分前に着くように分速75mで歩こうと考えています。学校の始業時刻を求めなさい。

（　　　　　　　）

7 太郎さんが10歩走る間に，花子さんは7歩走り，太郎さんが8歩で走るきょりを，花子さんは7歩で走ります。太郎さんと花子さんの走る速さの比を簡単な整数の比で表しなさい。 〔滋賀大附中〕

（　　　　　　　）

8 けんじさんが5歩で進むきょりを，はやとさんは6歩で進みます。また，けんじさんが7歩進む間に，はやとさんは8歩進みます。けんじさんがちょうど1時間で歩けるハイキングコースをはやとさんが歩いたときにかかる時間を求めなさい。

（　　　　　　　）

9 A地点とB地点を結ぶ1本の道があります。たけし君は毎分50mの速さでA地点からB地点に向かって，たくみ君は毎分100mの速さでB地点からA地点に向かって，同時に出発しました。2人が出会ったのは，A地点とB地点のちょうど真ん中から150mはなれた地点でした。A地点とB地点の間のきょりを求めなさい。 〔開智中〕

（　　　　　　　）

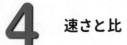 

答え ▶ 別冊6ページ

時　間	35分	得　点
合　格	80点	点

1 妹が4歩で歩くきょりを兄は3歩で歩き，妹が3歩進む間に兄は4歩進みます。1kmはなれた場所にいた兄妹は，向かい合って歩くと20分で出会うことができました。(20点 / 1つ10点) 〔大宮開成中〕

(1) 妹の歩く速さは分速何mですか。

（　　　　　　　　）

(2) 妹の歩はばを30cmとすると，兄妹は出会うまでに合わせて何歩歩きますか。

（　　　　　　　　）

2 池の周囲をAさんとBさんがサイクリングをします。2人が同じ向きにそれぞれ一定の速さで同じ地点から同時に出発しました。Aさんが1周したとき，Bさんはまだ1周しておらず，Aさんの後方700mのところを走っていました。Bさんが1周したとき，Aさんは2周目でBさんの前方900mのところを走っていました。池の周囲の長さは何mですか。(10点) 〔関西大学中〕

（　　　　　　　　）

3 兄が30分で歩く道のりを，妹は45分かかります。その道のりを，妹が出発してから8分後に兄が出発しました。兄が妹に追いつくのは，兄が出発してから何分後ですか。(10点) 〔大谷中(大阪)〕

（　　　　　　　　）

4 ある道のりを，はじめ時速15kmの速さで，次に時速12kmの速さで，最後に時速9kmの速さで走ったところ，5時間40分かかりました。時速15km，時速12km，時速9kmの速さで走った道のりの比は1：2：3でした。走った道のりの合計は何kmでしたか。(10点) 〔桐朋中〕

（　　　　　　　　）

5 分速 50 m で x km の道のりを進むのにかかる時間は，分速 200 m で y km の道のりを進むのにかかる時間の 3 倍です。y にあてはまる数は，x にあてはまる数より 1.4 だけ大きい数です。このとき，x にあてはまる数を答えなさい。

(10 点)〔同志社女子中〕

( )

6 2 地点 A，B の間を太郎君は A から，次郎君は B から同時に出発して 1 往復します。2 人は出発してから 15 分後に出会い，太郎君はその 10 分後に B にとう着し，折り返して A へ向かいました。次郎君も A にとう着するとすぐに折り返して B へ向かいました。

〔城北中〕

(1) 太郎君と次郎君の速さの比を求めなさい。(5 点)

( )

(2) 1 度目，2 度目に出会った場所をそれぞれ地点 P，Q とします。きょりの比 AQ：QP：PB を求めなさい。(10 点)

( )

7 ある人が 3.2 km はなれた場所へ向かって歩き始めました。$\frac{1}{4}$ だけ進んだところから速さを $\frac{1}{5}$ 減らして歩いたところ，予定より 10 分おくれて着きました。

〔ラ・サール中〕

(1) 速さを減らした後は，速さを減らす前と比べて，同じきょりを進むのにかかる時間は何倍になりますか。(5 点)

( )

(2) 速さを減らしてから何分で着きましたか。(10 点)

( )

(3) はじめの速さは時速何 km ですか。(10 点)

( )

5 比例と反比例

標準クラス

1 右のグラフは，12 L 入る 2 つのバケツにじゃ口ア
とじゃ口イから水を入れたときの入れ始めてから
の時間と，入った水の量の変化のようすを表した
ものです。　〔香川大附属高松中〕

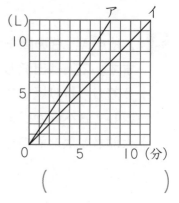

(1) じゃ口アは 1 分間あたり何 L の水が出るか求めな
さい。

（　　　　　　　　　）

(2) じゃ口イでバケツをいっぱいにするには何分かかるか答えなさい。

（　　　　　　　　　）

(3) 2 つのじゃ口から同時に水を入れ始めたとき，2 つのバケ
ツの水の量の差が 3 L になるのは入れ始めてから何分後か
求めなさい。

（　　　　　　　　　）

2 自動車Aはガソリン 1 L で 12 km 走り，自動
車Bはガソリン 1 L で 16 km 走ります。ゆ
う子さんは 240 km はなれたところへ出かけ
ました。　〔帝塚山学院中〕

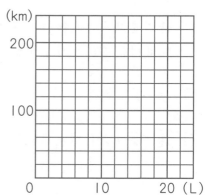

(1) ゆう子さんがずっと自動車Aで走ったとき，
使ったガソリンの量と走った道のりの関係を
表すグラフをかき入れなさい。

(2) ゆう子さんは最初から 96 km まで自動車A
で走り，その後は自動車Bで走りました。自動車Aだけで走ったときよりも，
ガソリンは何 L 少なくてすみましたか。

（　　　　　　　　　）

3 60Lの水が入っている水そうに，はじめA管だけで9分間水を入れて，次にB管だけで4分間水を入れました。その後すぐにA，B2本の管を同時に使って水を入れて，水の量を600Lにしました。右のグラフは，水を入れ始めてから13分後までの時間と水の量の関係を表したものです。 〔同志社女子中〕

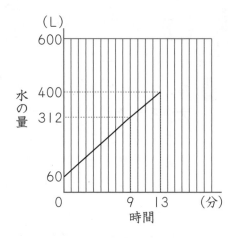

(1) A管，B管からそれぞれ1分間に何Lの水が入りましたか。

A管 (   )　　B管 (   )

(2) 13分後から水の量が600Lになるまでのようすを，グラフにかきなさい。

4 右の表は，60kmの道のりを車で走ったときの時速 x km とかかった時間 y 時間の関係を表したものです。

時速 x(km)	10	15	20	30	40	60
時間 y(時間)	6	4	3	2	ア	1

(1) x と y の関係は，比例，反比例，どちらでもない，のどれですか。理由と合わせて答えなさい。

(   )

(2) x と y の関係を式に表しなさい。

(   )

(3) 表のアにあてはまる数を求めなさい。

(   )

5 次の □ にあてはまる数を書きなさい。

(1) 歯の数が52個の歯車Aと歯の数が □ 個の歯車Bがかみ合っていて，歯車Aが5回転する間に歯車Bは4回転します。 〔比治山女子中〕

(   )

(2) AとBの2つの歯車がかみ合って回転しています。AとBの歯の数の比は3：5です。Aの歯車が30回転するとき，Bの歯車は □ 回転します。 〔大谷中(京都)〕

(   )

5 比例と反比例 ➡ ハイクラス

1 長さ 34 cm の細いろうそくと，長さ 25 cm の
太いろうそくがあります。2 本のろうそくは
どちらも，火をつけるとそれぞれ一定の速さ
で長さが短くなっていきます。右の図は，2
本のろうそくに同時に火をつけたときのろう
そくの残りの長さの変化を表したグラフです。

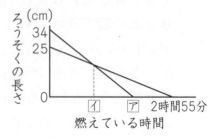

太いろうそくは，火をつけてから 2 時間 55 分で燃えてなくなります。また，
一定時間あたりの太いろうそくの長さの変化する量は，細いろうそくの半分で
す。(30点/1つ10点)　　　　　　　　　　　　　　　　　　　〔市川中〕

(1) 火をつけてから 14 分後に，太いろうそくの長さは何 cm になりますか。

(　　　　　　　　)

(2) 図において，ア は細いろうそくが燃えてなくなるまでの時間を表しています。
ア にあてはまる時間は何時間何分ですか。

(　　　　　　　　)

(3) 図において，イ は 2 つのろうそくの長さが同じになるまでの時間を表してい
ます。イ にあてはまる時間は何時間何分ですか。

(　　　　　　　　)

2 右の図のように，3 つの歯車Ａ，Ｂ，Ｃがかみ合っ
ています。Ａの歯の数は 48 で，Ｃの歯の数は 36
です。また，歯車Ａが 1 回転すると，歯車Ｂは 3 回
転します。(20点/1つ10点)　　　　　〔関西大第一中〕

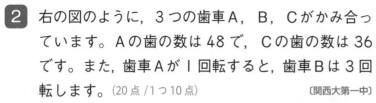
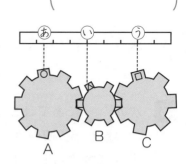

(1) 歯車Ｂの歯の数はいくつですか。

(　　　　　　　　)

(2) あ，い，うの位置で，上の図のように歯車に印をつけます。歯車Ａを時計回り
に回転させると，ふたたびあ，い，うの位置にそれぞれの歯車の印がきました。
歯車Ａは時計回りに何回転しましたか。

(　　　　　　　　)

3 あるガス会社のガス料金は，次の式で表されます。

（ガス料金）＝（基本料金）＋（「1 m³ あたり」で定められている料金）×（使用量）

10月と11月の使用量とガス料金は右の表の通り
でした。(20点/1つ10点)　　　　〔平安女学院中〕

月	使用量	ガス料金
10月	25m³	5640 円
11月	30m³	6120 円

(1) 基本料金はいくらですか。

（　　　　　　　）

(2) 12月の使用量は 34 m³ でした。12月のガス料金はいくらですか。

（　　　　　　　）

4 長さが10 cmのバネAと長さが16 cmのバネBがあ
ります。右のグラフは，これらのバネにおもりをつ
るすときの，おもりの重さとバネの長さの関係を表
したものです。おもりの重さとバネがのびる長さは
比例するものとします。(30点/1つ10点)　〔専修大松戸中〕

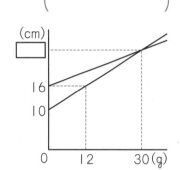

(1) グラフの □ にあてはまる数を答えなさい。

（　　　　　　　）

(2) 2つのバネに同じ重さのおもりをつるします。このとき，バネ A とバネ B の
のびる長さの比を，最も簡単な整数の比で答えなさい。

（　　　　　　　）

(3) 2つのバネに同じ重さのおもりをつるしたところ，バネAとバネBの長さの比
が 5：4 になりました。このとき，1つのバネにつるしたおもりの重さは何g
ですか。

（　　　　　　　）

6 速さとグラフ

標準クラス

1 恵さんと美絵さんの姉妹は家を出発して図書館に向かいました。恵さんが先に家を出発してから，しばらくして，美絵さんも家を出発して図書館に向かいました。右のグラフは恵さんが家を出発してからの時間と，2人の間のきょりの関係を表しています。2人の歩く速さは常に一定です。

〔大阪女学院中〕

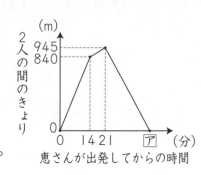

恵さんが出発してからの時間

(1) 家から図書館までのきょりは何mですか。

( )

(2) 美絵さんの歩く速さは毎分何mですか。

( )

(3) 上のグラフにおいて，アにあてはまる数を求めなさい。

( )

2 成美さんと英和さんは同時に学校から図書館へ歩いて向かいました。英和さんはとちゅうで忘れ物に気づき，学校へもどって再び図書館へ向かいました。成美さんの速さは英和さんの速さの $\frac{3}{4}$ 倍です。右のグラフは成美さんと英和さんが学校を出発してからの時間(分)と学校からのきょり(m)との関係を表したものです。

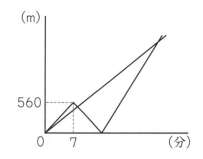

〔青山学院横浜英和中－改〕

(1) 学校へ向かってもどっている英和さんと図書館へ向かっている成美さんがすれちがったのは，英和さんが忘れ物に気づいてから何分後ですか。

( )

(2) 学校へもどった後，英和さんは最初の1.5倍の速さで図書館に向かいました。英和さんが成美さんに追いつくのは，学校へもどっているときに成美さんとすれちがってから何分後ですか。

( )

3 A町とB町の間は20kmはなれています。太郎君はA町を8時に出発し，歩いてB町に向かいます。次郎君はA町を9時に出発し，自転車でB町に向かい，B町で30分間休んでからA町へもどってきます。右のグラフはそのようすを表しています。

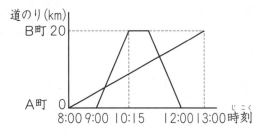

〔慶應義塾中〕

(1) 次郎君が太郎君に追いつく時刻を求めなさい。

（　　　　　　　　）

(2) 次郎君がB町からもどるとちゅうで太郎君に出会うのは，A町から何kmの地点ですか。

（　　　　　　　　）

4 正さん一家は遊園地に遊びに行くのにお父さんの車1台には全員が乗れないので，2つのグループに分かれて行くことにしました。右の図は，正さんグループの移動を表したもので，お父さんの車で8時に家を出てA駅に行き，電車でA駅からB駅で乗りかえてC駅まで行き，C駅からは遊園地まで歩きました。

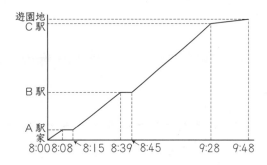

姉の良子さんのグループは8時に歩いて家を出発し，A駅まで正さんたちを送ってもどってきたお父さんの車に出会い，お父さんの車に乗って遊園地に向かったところ，正さんたちより3分おそく着きました。A駅およびとちゅうで出会ったときの車の乗り降りにはそれぞれ1分ずつかかりました。ただし，歩く速さは毎時4.8km，車の速さは毎時36km，電車の速さは毎時48kmとします。

〔同志社香里中－改〕

(1) 良子さんたちがお父さんの車に出会ったのは8時何分ですか。

（　　　　　　　　）

(2) 正さんの行った道のりと良子さんの行った道のりの差は何kmですか。ただし，A駅，B駅，C駅の構内での移動は考えないものとします。

（　　　　　　　　）

6 速さとグラフ ➡ ハイクラス

1 駅から水族館まで10分おきにバスが運行しています。バスは駅を出発して時速24kmで水族館まで行き，5分間停車した後再び駅へ時速30kmでもどってきます。右のグラフはバスが駅を出発してからの時間とそれぞれのバスの駅からのきょりの関係を表したものです。

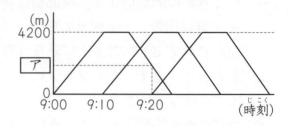

〔東海大付属大阪仰星高中〕

(1) 9時発のバスが駅にもどってくるのは何時何分何秒ですか。(8点)

( )

(2) ア にあてはまる数字は何ですか。(8点)

( )

(3) 9時発のバスと，9時20分発のバスがすれちがうのは何時何分何秒ですか。(9点)

( )

2 A地点とB地点を両たんとするジョギングコースを，春子さんと夏子さんがそれぞれ1往復します。春子さんはA地点を，夏子さんはB地点を同時に出発したところ，春子さんが先にゴールしました。右のグラフは，2人が出発してからの時間と，2人の間のきょりの関係を表したものです。

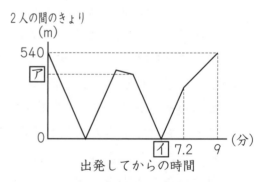

2人の間のきょり

出発してからの時間

〔武庫川女子大附中〕

(1) 春子さんと夏子さんの走る速さは，それぞれ分速何mですか。(8点)

春子( ) 夏子( )

(2) ア にあてはまる数は何ですか。(8点)

( )

(3) イ にあてはまる数は何ですか。(9点)

( )

3 図は兄弟2人が同時に家を出発し900mはなれたA地点まで往復したようすを表しています。兄の速さは分速60mで，中間地点とA地点で友達と出会い，それぞれの場所で19分間，6分間立ち止まり話をしました。

(20点 / 1つ10点)〔明治大付属中野中〕

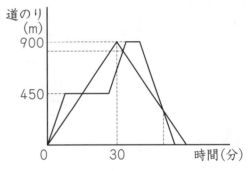

(1) 兄が中間地点で友達と話をしている間に弟に追いこされました。兄が再びA地点に向かい始めると，A地点から折り返して来た弟と出会いました。2人が出会った場所は家から何mのところですか。

( )

(2) 2人がA地点を折り返して，兄が弟を追いこしたのは家を出てから何分後ですか。

( )

4 Aさんの家から学校へ行く一直線の道があります。この道のとちゅうにBさんの家があり，Aさんの家とBさんの家は360mはなれています。2人はそれぞれの家から学校に向かいます。右のグラフは，Bさんが7時30分に家を出てから学校に着くまでの経過時間と，2人の間のきょりの関係を表したものです。2人はそれぞれ一定の速さで歩くものとします。

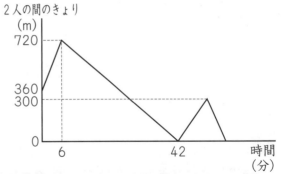

〔奈良学園中〕

(1) Aさんは何時何分に家を出ましたか。(5点)

( )

(2) Bさんの歩く速さは毎分何mですか。(5点)

( )

(3) Aさんの家から学校までのきょりは何mですか。(10点)

( )

(4) Bさんは何時何分に学校に着きましたか。(10点)

( )

7 資料の調べ方

標準クラス

1 あるクラスで生徒の家から学校までの通学時間を調べたところ，右の表のようになりました。通学時間が40分未満の生徒はクラスの75%です。　〔柳学園中〕

通学時間(分)	人数(人)
(ア) 10分未満	2
(イ) 10分以上20分未満	7
(ウ) 20分以上30分未満	(A)
(エ) 30分以上40分未満	8
(オ) 40分以上50分未満	3
(カ) 50分以上60分未満	5
(キ) 60分以上	2

(1) 通学時間が長いほうから数えて7番目の人は，表の(ア)～(キ)のうち，どの部分に入っていますか。

(　　　　　)

(2) このクラスの生徒は全部で何人ですか。

(　　　　　)

(3) 表の(A)にあてはまる数を求めなさい。

(　　　　　)

2 右のグラフは，かずやさんのクラブでソフトボール投げを行った記録を表したものですが，20m以上30m未満のグラフが示されていません。35m未満の人はクラブの70%にあたり，20m以上25m未満の人と25m以上30m未満の人は同じ人数です。

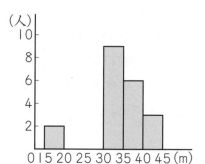

(1) かずやさんの記録は28mでした。かずやさんはきょりの短いほうから数えて何番目から何番目にいるといえますか。

(　　　　　)

(2) このクラブ全員の平均記録は31mでした。ここへ新しく5人が入部したところ，全員の平均記録が32mになりました。新しく加わった5人の平均記録は何mですか。

(　　　　　)

3 右の表は，あるクラスで算数と国語の小テストを行った結果をまとめたものです。2教科の合計得点を成績とします。

(単位：人)

国語(点)＼算数(点)	0	10	20	30	40	50
0						
10	1	1		2		
20	1	2	3		1	
30		1		5	1	
40		1		1	5	3
50					4	3

(1) 最頻値を求めなさい。

（　　　　　　　）

(2) 中央値を求めなさい。

（　　　　　　　）

(3) 平均点以上の生徒の割合を百分率で求めなさい。答えは四捨五入して小数第一位まで表しなさい。

（　　　　　　　）

4 右の表は，あるクラスのソフトボール投げの記録を5mごとに区切ってまとめたものです。　〔桃山学院中〕

番号	きょり(m)	人数(人)
①	5以上10未満	2
②	10以上15未満	4
③	15以上20未満	A
④	20以上25未満	10
⑤	25以上30未満	B
⑥	30以上35未満	1
	計	30

(1) 5m以上15m未満の人数は，全体の何％ですか。

（　　　　　　　）

(2) 投げたきょりが短い人から順に並べたとき，20番目の人は表の①～⑥のどの部分に入っている可能性がありますか。あてはまる番号をすべて選びなさい。

（　　　　　　　）

5 右のグラフは，ある学級の生徒全員が10点満点のテストを受けた結果を表したものです。ところが，5点と7点のところがよごれていて，人数がわかりません。この学級の平均点は7点で，8点未満の得点の人数は全体の60％でした。　〔明治大付属中野中〕

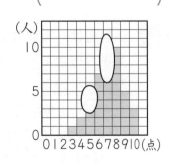

(1) 学級の人数を求めなさい。

（　　　　　　　）

(2) 7点の人数を求めなさい。

（　　　　　　　）

25

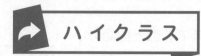

7 資料の調べ方 ➡ ハイクラス

1 あるクラスで 50 点満点のテストを行いました。表はそのうち 20 人の得点をまとめたものです。また、グラフはその得点を 29 点以上 32 点未満、32 点以上 35 点未満というように、3 点ごとに区切ってまとめたものです。例えば、29 点以上 32 点未満の人は 2 人です。以下の条件を用いて、表のア〜カに入る整数を求め、小さい順に書きなさい。ただし、同じ数字は並べて書きなさい。

生徒番号	①	②	③	④	⑤	⑥	⑦	⑧	⑨	⑩
得点(点)	40	ア	37	39	イ	ウ	41	30	45	エ

生徒番号	⑪	⑫	⑬	⑭	⑮	⑯	⑰	⑱	⑲	⑳
得点(点)	オ	40	36	34	42	47	カ	33	40	42

・最高点は 47 点であった。

・得点の低いほうから 10 番目の人の得点は 39 点であり、同じ得点の人は他にいなかった。

・20 人の平均は 38 点であった。

・上位 10 名の平均と下位 10 名の平均には 8.2 点の差があった。

・ア〜カに入る整数のうち、ある 2 つの数の和は 72 である。

・ア〜カに入る整数のうち、少なくとも 2 つは同じ数である。

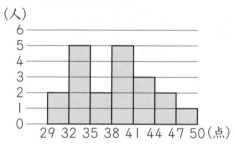

(25 点)〔鷗友学園女子中〕

(　　　　　　　　　　　　　　　　)

2 渋男君は、算数のテストでクラスの上位半分に入ったら、ごほうびをもらう約束をお母さんとしました。テストが終わり返きゃくされたところ、渋男君はクラスの平均点よりも低い点数でした。それを見たお母さんは「平均点よりも下だから、上位半分には絶対に入っていないわね。」と言いました。

「平均点よりも下だから、上位半分には絶対に入っていない。」とは限りません。その理由を、お母さんが納得するように説明しなさい。(25 点)　〔渋谷教育学園渋谷中〕

3 花子さんのクラスで，下校にかかる時間の調査がありました。花子さんは女子の分だけの結果をまとめました。花子さんの学校では，帰る方向別に4つのグループ分けがあります。クラスの中で，そのグループごとに，かかった時間が短いほうから並べたものが下の表です。

〔桐蔭学園中－改〕

下校にかかる時間

(赤グループ)	(あ)	5分40秒	7分10秒	
(黄グループ)	6分10秒	8分30秒	10分50秒	14分20秒
(緑グループ)	9分40秒	12分0秒	12分20秒	
(むらさきグループ)	7分20秒	8分30秒	10分0秒	(い)

(1) 下校にかかる時間が短いほうから数えて3人分の平均は5分40秒でした。(あ)は何分何秒ですか。(8点)

( )

(2) 下校にかかる時間が長いほうから数えて3人分の平均は，(1)の短い3人の平均の2倍より2分多くかかっていました。(い)は何分何秒ですか。(8点)

( )

(3) 中央値は何分何秒ですか。(9点)

( )

4 30人の子ども会で遊園地に行きました。乗り物は合計3回まで，同じ乗り物は2回まで乗ってもよいことにしました。乗り物代は1人1000円以内と決めたところ，乗り物代に使った金額別の人数は右のようになりました。ただし，一部の金額についてはドットが記されていません。また，30人が使った乗り物代の合計は20800円でした。後で子ども達に聞いたところ，ジェットコースターに2回乗った子どももゴーカートに2回乗った子どももおらず，メリーゴーランドに2回乗ったのは6人，メリーゴーランドに乗ったのは18人でした。ひとつも乗り物に乗らなかった子どもはいませんでした。このとき，ジェットコースターに乗った子どもの人数を求めなさい。

乗り物代に使った金額

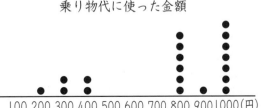

ジェットコースター	500円
ゴーカート	300円
メリーゴーランド	200円

(25点)

( )

8 場合の数

標準クラス

1 1, 2, 3, 4 の4枚のカードがあります。このうち，2枚のカードを並べてできる2けたの整数は全部で何通りありますか。 〔大阪産業大附中〕

( )

2 右の図のような図形を，赤，青，黄，緑の4色を全部使ってぬり分けます。何通りのぬり方がありますか。 〔共立女子第二中〕

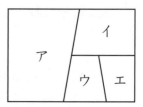

( )

3 北さんは，階段を1度に，1段または2段しか，のぼることができません。 〔大阪教育大附属池田中〕

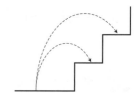

(1) 北さんが下からちょうど3段目までのぼるのに，のぼり方は何通りありますか。

( )

(2) 北さんが下から6段目までのぼるのに，のぼり方は何通りありますか。

( )

4 5を0以外の3つの整数の和で表す方法は「1＋1＋3」と「1＋2＋2」の2種類あります。（「1＋3＋1」は「1＋1＋3」と同じ種類と考えます。）また，7の場合は「1＋1＋5」，「1＋2＋4」，「1＋3＋3」，「2＋2＋3」の4種類あります。9の場合は全部で何種類の表し方がありますか。 〔青山学院中〕

( )

5 5個の数字 1，2，3，4，5から 3個の数字を選んで並べてできる 3けたの数のうち，3の倍数は何個ありますか。

〔東大寺学園中〕

(   )

6 右の図のような縦 5マス，横 5マスのマス目の中に石を置いていきます。どの行にもどの列にも，少なくとも 1個の石があるように置くことにします。　〔白陵中〕

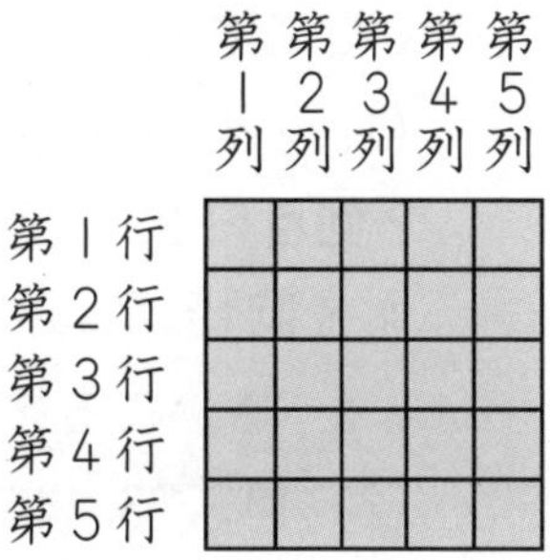

(1) 置く石の数が最も少ないのは何個のときですか。

	第1列	第2列	第3列	第4列	第5列
第1行					
第2行					
第3行					
第4行					
第5行					

(   )

(2) (1)のように，置く石の数が最も少ないときの石の置き方は，全部で何通りですか。

(   )

7 あるクラスでは，当番で教室のそうじをします。Aさん，Bさん，Cさん，Dさん，Eさん，Fさんの 6人で，3人はほうき，2人はぞうきん，1人は黒板消しの係に分けることにしました。次の場合，何通りの分け方がありますか。

〔立教女学院中〕

(1) 6人全員で係を分担します。

(   )

(2) Aさんが休んだので，5人で係を分担します。ただし，分担しない係があってもよいとします。

(   )

8 ○，△，□には，0から 9までの 1けたの整数が入ります。同じ数が入ってもかまいません。(○＋△)×□＝ 10 となるように○，△，□に数を入れるとき，その数の入れ方は何通りありますか。どのように考えて求めたのか，式や考え方も答えなさい。

〔桐蔭学園中一改〕

(

)

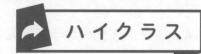
1 さいころを 1 回投げるとき, 1 の目が出ると 1 点, 2 または 3 の目が出ると 2 点, 4 または 5 または 6 の目が出ると 3 点がもらえるゲームを行います。さいころを投げて出た目の数を左から順に並べ, かっこでくくります。例えば, (1, 2)は 1 回目に 1, 2 回目に 2 の目が出ることを, (1, 2, 3)は 1 回目に 1, 2 回目に 2, 3 回目に 3 の目が出ることを表します。この表し方で, さいころを 3 回投げるとき, 得点の合計が 3 点となるのは, (1, 1, 1)の 1 通りです。また, さいころを 2 回投げるとき, 得点の合計が 3 点となるのは, (1, 2), (1, 3), (2, 1), (3, 1)の 4 通りです。(20点/1つ10点)　　　　　　〔頴明館中一改〕

(1) さいころを 3 回投げるとき, 得点の合計が 4 点となる場合は, 何通りですか。

(　　　　　　)

(2) さいころを 2 回投げるとき, 得点の合計が 4 点となる場合は, 何通りですか。

(　　　　　　)

2 ふくろの中に 1, 2, 3, 3 の数字を書いた 4 枚のカードが入っています。このふくろからカードを 1 枚ずつ取り出して, 順に並べて 3 けたの整数をつくることにします。(14点/1つ7点)　　　　　　〔熊本マリスト学園中〕

(1) 3 けたの整数は全部でいくつつくれますか。

(　　　　　　)

(2) 一の位の数字が 3 となる 3 けたの整数は, 全部でいくつつくれますか。

(　　　　　　)

3 右の 5 つのわく全部に○か×を 1 つずつ, 次の規則にしたがって書きこみます。
規則 1. ○が×より多い。
規則 2. 3 つ以上同じものが続かない。
このとき, 異なる書き方は何通りありますか。(10点)　　　　　　〔早稲田実業学校中〕

(　　　　　　)

4 縦 2 cm，横 1 cm の長方形のタイルがたくさんあります。このタイルをすきまなく並べて，縦 2 cm，横 x cm の長方形をつくるとき，タイルの並べ方の総数を《x》と表すことにします。例えば，下の図から《4》＝ 5 となります。このとき，次の □ にあてはまる数を求めなさい。(20点 /1つ10点)　〔慶應義塾中〕

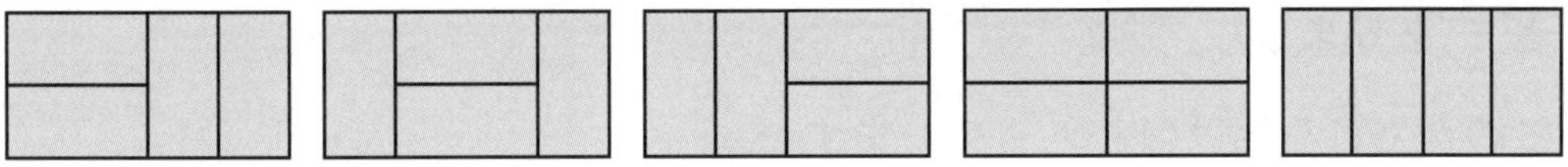

(1) 《3》＝ ア ，《5》＝ イ

ア（　　　）イ（　　　）

(2) 《10》＝ □

（　　　　　　）

5 ある神社に 30 段の石段があり，下から 15 段目にAさんとBさんがいます。じゃんけんで勝ったほうが 3 段上がり，負けたほうが 2 段下がり，どちらが早く上まで上がるかを競争することにしました。あいこは数えないとします。

(36点 /1つ12点) 〔同志社香里中〕

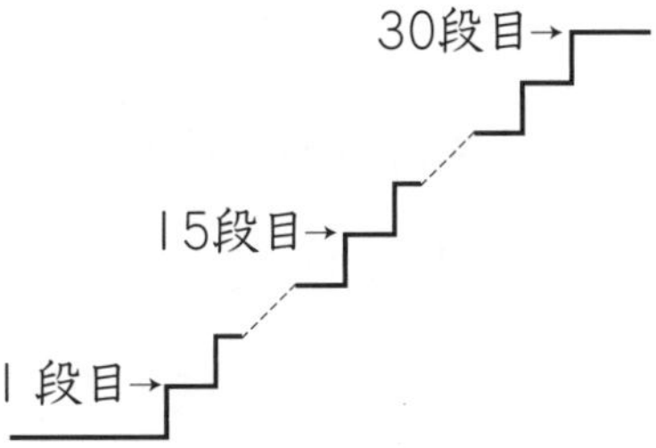

30段目→

15段目→

1段目→

(1) 3 回目のじゃんけんの後に，2 人の間には何段の差がつきますか。答えは 2 通りあります。2 通りとも答えなさい。

（　　　　　　）

(2) 5 回のじゃんけんでAさんが 3 勝 2 敗のとき，2 人の間には何段の差がつきますか。

（　　　　　　）

(3) 10 回目のじゃんけんでAさんがちょうど上まで上がり，この競争を終えました。このとき，2 人の間には何段の差がありましたか。

（　　　　　　）

チャレンジテスト①

答え ▶ 別冊12ページ

時 間	35分	得 点
合 格	80点	点

---

1 石油が $\frac{3}{5}$ 入っているかんがあります。容積 1.8 L の容器ではかると，6 ぱい と $\frac{3}{4}$ ありました。(10点／1つ5点)

(1) このかんに石油は何 L 入っていますか。

（　　　　　）

(2) このかんにいっぱいに入れると，石油は何 L 入りますか。

（　　　　　）

2 まわりの長さが 72 cm の長方形があります。この長方形の横の長さだけを $\frac{3}{4}$ にすると，まわりの長さが 60 cm になります。もとの長方形の面積を求めなさい。

(5点)〔奈良育英中〕

（　　　　　）

3 A君，B君，C君の3人で順にコインを取り分けました。はじめにA君は全体 の $\frac{1}{3}$ より 15 枚多く取り，そのあとB君はA君の $\frac{4}{5}$ より 10 枚多く取ったと ころ，最後に残ったC君のコインはB君の $\frac{1}{2}$ より 4 枚多かったそうです。C 君のコインは何枚ですか。(7点)

〔洛星中〕

（　　　　　）

4 はねると落下したきょりの $\frac{3}{5}$ の高さまでもどってく るボールがあります。このボールをAの台から落とす と，図のようにゆかではねた後，Bの台ではね，さら にゆかではねた後，Cの台ではね，次にゆかではねた 後，Dの高さまではねました。Aの台の高さを 150 cm とします。(20点／1つ10点)　　　　〔東大寺学園中〕

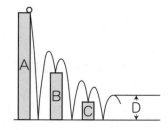

(1) Bの台の高さを 40 cm，Cの台の高さを 12 cm として，Dの高さを求めなさい。

（　　　　　）

(2) Bの台の高さを 65 cm，Dの高さを 24 cm として，Cの台の高さを求めなさい。

（　　　　　）

5 ある遊園地の入園料金は，子どもが1人500円で，大人が1人900円でした。入園した大人は，入園した子どもの人数の $\frac{1}{3}$ より60人多かったそうです。また，売上金は682800円でした。

(1) 入園した子どもを x 人として，入園した大人の人数を x を使って表しなさい。(5点)

(　　　　　　　)

(2) 売上金を表す式を書きなさい。(7点)

(　　　　　　　)

(3) 入園した子どもと大人のそれぞれの人数を求めなさい。(7点)

子ども (　　　　) 大人 (　　　　)

6 仕入れ値に対して5割の利益を見こんで定価をつけましたが，売れなかったので定価の2割引で販売したところ，240円の利益がありました。何を x としたかを明記して，x を使った式をつくり，この商品の仕入れ値を求めなさい。(10点)

(　　　　　　　)

7 100円こう貨と50円こう貨が合わせて117枚あり，それぞれの合計金額の比は5：4です。50円こう貨は何枚ありますか。(8点)　〔広島学院中〕

(　　　　　　　)

8 異なる3つの容器A，B，Cにそれぞれ容積の $\frac{2}{3}$ だけ水が入っています。それぞれの容器に入っている水の量の合計は120Lです。今，Aの水の $\frac{1}{4}$ をBに入れるとBは満水になり，その後Bの水の $\frac{3}{5}$ をCに入れると，Cは満水になりました。さらに続けて，Cからある量の水をAに入れると，Aは満水になりました。(21点／1つ7点)　〔奈良学園中〕

(1) AとBの容積の比を，最も簡単な整数の比で求めなさい。

(　　　　　　　)

(2) BとCの容積の比を，最も簡単な整数の比で求めなさい。

(　　　　　　　)

(3) A，B，Cにはじめに入っていた水の量はそれぞれ何Lですか。

A (　　　) B (　　　) C (　　　)

チャレンジテスト②

1 太郎さんのうで時計は，I 時間につき 15 秒進みます。太郎さんは，このうで時計が今日の午後 6 時ちょうどに正しく午後 6 時を示すように調整しようと思いました。正しい時刻で今日の正午ちょうどの時，このうで時計を何時に合わせておけばよいか答えなさい。(6 点)　　　　〔広島大附中〕

(　　　　　　　　　　　)

2 かみ合っている 2 つの歯車 A，B があります。歯車 A は 5 秒間で 80 回転し，歯車 B は歯数が 48 枚あり，4 秒間で 56 回転します。歯車 A の歯数は何枚ですか。

(6 点)〔日本大藤沢中〕

(　　　　　　　　　　　)

3 東西に走る線路があります。今，ふつう列車が B 駅を東に向かって出発しました。数分後に急行列車が B 駅より 1.6 km 西側にある A 駅を東に向かって出発しました。その後，ふつう列車も急行列車も，B 駅より東にある C 駅で数分間停車してから，再び東に向かって出発しました。(ふつう列車も急行列車も，C 駅の停車時間は同じです。)右のグラフは，ふつう列車が B 駅を出発してからの時間(分)と，ふつう列車と急行列車の間のきょり(m)の関係を表したものの一部です。ただし，列車の長さは考えないものとします。(28 点 / 1 つ 7 点)　　　　〔三田学園中－改〕

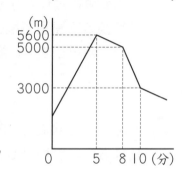

(1) 急行列車の速さは分速何 m ですか。

(　　　　　　　　　　　)

(2) B 駅と C 駅の間のきょりは何 m ですか。

(　　　　　　　　　　　)

(3) 急行列車が C 駅にとう着するのは，急行列車が A 駅を出発してから何分後ですか。

(　　　　　　　　　　　)

(4) 急行列車がふつう列車に追いつくのは，急行列車が A 駅を出発してから何分後ですか。

(　　　　　　　　　　　)

4 ある中学校の１年生に，サッカー，野球，バスケットボール，たっ球，水泳の中からいちばん好きなスポーツを１つ選んでもらい，その人数をグラフに表すと右の棒グラフのようになりました。グラフの一部はかくれています。野球の人数は 42 人で，サッカーの人数とバスケットボールの人数の比は５：３です。(20点/1つ10点) 〔桐朋中－改〕

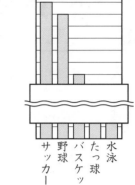

(1) グラフの１目もりは何人を表していますか。

( )

(2) たっ球の人数は水泳の人数より２目もり分多く，たっ球の人数は全体の 12.5％でした。１年生は全部で何人ですか。

( )

5 １個 200 円の品物が，３個入りの箱では１箱 585 円，５個入りの箱では１箱 950 円，７個入りの箱では１箱 1295 円で売られています。この品物を全部で５個買う買い方は，

・５個入りの箱を１箱買う。　　・３個入りの箱を１箱と１個ずつを２個買う。
・１個ずつを５個買う。
の３通りがあります。(20点/1つ10点)　　　　　　　　　　　　〔慶應義塾中〕

(1) この品物を全部で 12 個買う買い方は何通りありますか。

( )

(2) この品物を全部で 15 個買うとき，４番目に安く買う買い方では，代金は何円になりますか。

( )

6 右の図のように三角形の頂点，または辺上に９個の点があります。このうちの５個の点を頂点とする五角形を考えます。(20点/1つ10点)　　　　　〔早稲田中〕

(1) ＢとＣが頂点となる五角形は全部で何個できますか。

( )

(2) 五角形は全部で何個できますか。

( )

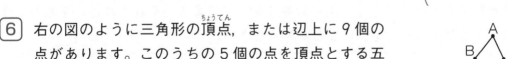

対称な図形

標準クラス

1 次の図形について，下の問いに答えなさい。

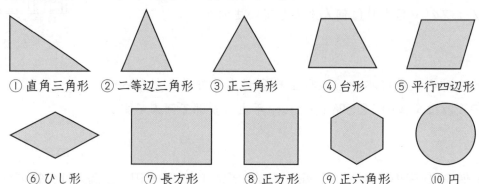

① 直角三角形　② 二等辺三角形　③ 正三角形　④ 台形　⑤ 平行四辺形

⑥ ひし形　　⑦ 長方形　　⑧ 正方形　⑨ 正六角形　⑩ 円

(1) 線対称な図形はどれですか。番号を書きなさい。

（　　　　　　　　　　　　　）

(2) 点対称な図形はどれですか。番号を書きなさい。

（　　　　　　　　　　　　　）

(3) 線対称な図形の中で，対称の軸が3本以上ある図形はどれですか。番号を書きなさい。

（　　　　　　　　　　　　　）

(4) 線対称でも点対称でもない図形の番号をすべて書き，それぞれどこをどのように変えると線対称な図形になるか答えなさい。

（　　　　　　　　　　　　　）

2 右の図は，点Oを対称の中心とした図形の半分です。

(1) 残り半分の図形を図にかきこみなさい。

(2) この点対称な図形全体のまわりの長さは何cmですか。

（　　　　　　　　　）

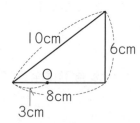

10cm
6cm
8cm
3cm

3 (図1)の三角形ＡＢＣを(図2)のように折り，次に(図3)のように折ったところ，ＢＣがＢＤに重なりました。あの角度は何度ですか。　　　　　　　〔青山学院中〕

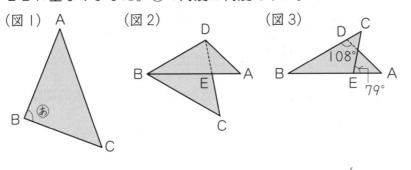

（　　　　　　　）

4 縦３cm，横20cmの長方形を，右の図のように折り返したところ，⑦の長方形の面積が⑦の三角形の面積の６倍になりました。このときのＡＢの長さを求めなさい。

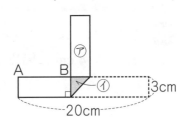

（　　　　　　　）

5 縦30cm，横30cmの正方形の紙ＡＭＰＤを，右の図のように９個の正方形に分けることにします。最初に点Ａが点Ｃに重なるようにＢＮで折り，次に点Ｄが点Ｂに重なるようにＣＯで折り，次に点Ｎが点Ｆに重なるようにＪＫで折り，次に点Ｊが点Ｂに重なるようにＦＧで折り，正方形ＢＦＧＣに重ねて，最後に点Ｇが点Ｂに重なるように折り曲げてから，元通り広げることにしました。　　〔滝中〕

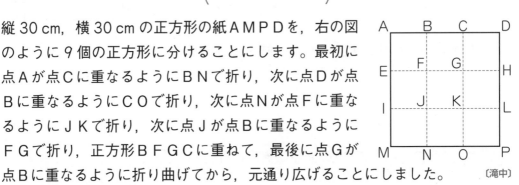

(1) できる折り目をすべてかき入れなさい。

(2) 点Ｊと重なった点は全部で７個できます。その７個の点のうち，Ｂ，Ｄ，Ｇ，Ｌ以外の３個の点を答えなさい。

（　　　　　　　）

(3) 折り目と正方形の各辺を使ってできる直角二等辺三角形について，

① 一番長い辺が20cmとなる直角二等辺三角形は何個できますか。

（　　　　　　　）

② 直角二等辺三角形は全部で何個できますか。

（　　　　　　　）

10 拡大と縮小

 標 準 ク ラ ス

1 25000 分の1の地図上で，1辺が 6 cm の正方形の土地の実際の面積は何 km² ですか。

〔桜美林中〕

(   )

2 右の図は，よしこさんの学校のしき地の縮図で，50 m を 4 cm に縮めてあります。

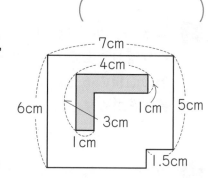

(1) 縮尺は何分の1ですか。

(   )

(2) しき地のまわりの実際の長さは何 m ですか。

(   )

(3) 校舎（色のついた部分）の面積は実際には何 m² ですか。

(   )

3 ある土地を，$\frac{1}{500}$ の縮図でかかれていると思って面積を求めたところ 2400m² となりました。しかし，実際には $\frac{1}{200}$ の縮図でかかれていました。この土地の本当の面積を求めなさい。考え方や式も書きなさい。

(

)

4 実際の長さの $\dfrac{1}{20000}$ で表された地図で 8 cm になるきょりを時速 4 km で進むと何分かかりますか。

( )

5 (図 I)のような I 辺の長さが 8 cm の正方形ＡＢＣＤを，頂点Ａと辺ＢＣの真ん中の点Ｍが重なり合うように折り曲げたところ，(図 2)のようになりました。ＢＥの長さは 3 cm になりました。〔香蘭女学校中〕

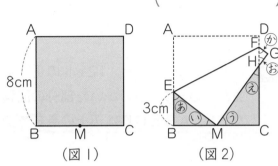

(図 I) (図 2)

(1) 下のアからエのうち，(図 2)の角圖と同じ大きさの組はどれですか。

ア ⓘ, ⓤ, ⓔ イ ⓤ, ⓞ
ウ ⓔ エ ⓤ, ⓚ

( )

(2) ＭＨの長さは何 cm ですか。

( )

(3) ＦＧの長さは何 cm ですか。

( )

(4) 四角形ＥＭＨＦの面積は何 cm² ですか。

( )

6 右の図のように，ＡＢ＝3 cm，ＢＣ＝4 cm である直角三角形ＡＢＣと正方形ＢＤＥＦがあります。三角形ＡＦＥの面積と正方形ＢＤＥＦの面積の比をできるだけ小さな整数の比で表しなさい。〔四天王寺中〕

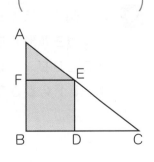

( )

10 拡大と縮小 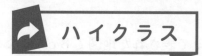 ハイクラス

1 面積が 39600 m² ある野球場は，1 km が 5 cm となる縮図<small>しゅくず</small>では何 cm² ですか。

(10点)〔関西大第一中〕

( )

2 1辺が 2 cm，6 cm，12 cm の正方形が図のように
並<small>なら</small>んでいます。色のついた部分の面積を求めなさい。
ただし，ABとCDは辺上の点Eで交わっています。

(10点)〔ラ・サール中〕

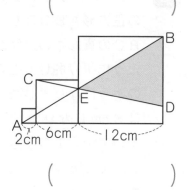

( )

3 (図1)のようなAB，AD，BDの長さがそれぞれ 5 cm，12 cm，13 cm の長
方形ABCDがあります。(図2)は長方形ABCDを対角線BDを折り目にし
て折り返したものです。EはADとBCが交わる点です。(図2)の三角形BDE
の面積は何 cm² ですか。(12点) 〔六甲学院中〕

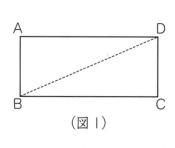

（図1）

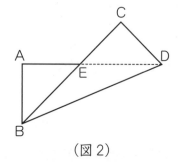

（図2）

( )

4 右の図のような辺ABと辺ACが 4 cm の直角
二等辺三角形ABCがあります。ADは 3 cm で，
AEとBD，ABとEFは直角に交わっていま
す。EFの長さを求めなさい。(13点) 〔東海中〕

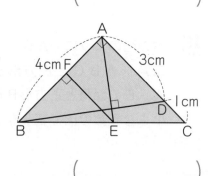

( )

5 右の図は，木（ＡＢ）の高さを測る方法を示した図です。ただし，単位は cm です。木の高さは何 cm ですか。

(15点)〔大阪星光学院中〕

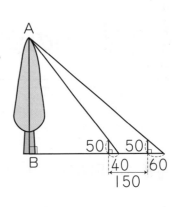

（　　　　　　　）

6 右の図のように，高さ６m の電灯から何 m かはなれた所に高さ２m，はば３m の長方形のかべを立てます。ただし，電灯とかべは地面に対してまっすぐに立っており，電灯の大きさやかべの厚さは考えないものとします。

〔奈良学園登美ヶ丘中－改〕

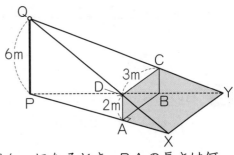

(1) 辺 AD の部分のかげの長さ（ＡＸの長さ）が４m になるとき，ＰＡの長さは何 m ですか。(10点)

（　　　　　　　）

(2) ＰＡの長さが４m のとき，かべによって地面にできるかげの面積（四角形ＡＢＹＸの面積）を求めなさい。(15点)

（　　　　　　　）

(3) かべによって地面にできるかげの面積（四角形ＡＢＹＸの面積）が，(2)で求めた面積の４倍になるとき，ＰＡの長さは何 m ですか。(15点)

（　　　　　　　）

11 円の面積

（円周率は 3.14 として計算しなさい。）

1 右の図の色のついた部分の面積は何 cm² ですか。

〔大阪女学院中〕

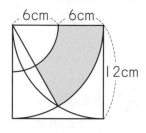

6cm　6cm

12cm

(　　　　　　　　)

2 右の図は，1 辺の長さが 8 cm の正方形の中に半円を 2 つかいたものです。色のついた部分の面積は何 cm² ですか。

〔土佐中〕

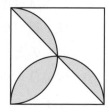

(　　　　　　　　)

3 右の図形の色のついた部分の面積を求めなさい。

〔賢明女子学院中〕

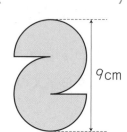

9cm

(　　　　　　　　)

4 右の図の 5 つの円の半径はすべて 10 cm です。色のついた部分の面積は何 cm² ですか。

〔開明中〕

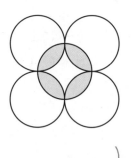

(　　　　　　　　)

5 右の図のように，正三角形の１辺と，半円の直径が重なっています。正三角形の１辺の長さが 12 cm，半円の直径も 12 cm のとき，色のついた部分の面積は何 cm² になりますか。　〔慶應義塾中〕

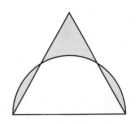

(　　　　　　　　　)

6 右の図のように，１辺の長さが 6 cm の正六角形と半径が 6 cm の円があります。色のついた部分の面積の和を求めなさい。　〔暁星中〕

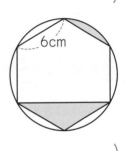

(　　　　　　　　　)

7 右の図は，直径 10 cm の半円と，直角三角形を組み合わせた図形です。色のついた⑦と④の面積が等しいとき，辺ＡＢの長さを求めなさい。　〔青雲中〕

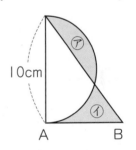

(　　　　　　　　　)

8 右の図のように，半径 10cm の円 O と 30°，60°，90° の角をもつ直角三角形 ABC が重なっています。色のついた部分アとイの面積の差を求めなさい。

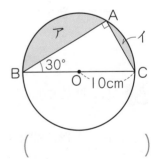

(　　　　　　　　　)

9 右の図は，正方形と２つのおうぎ形を組み合わせた図形です。色のついた部分の面積を求めなさい。　〔安田女子中〕

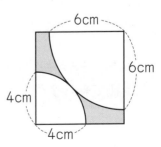

(　　　　　　　　　)

11 円の面積 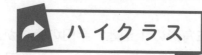 ハイクラス

（円周率は 3.14 として計算しなさい。）

1 右の図のように，直径 12 cm の半円と横の長さが 6 cm の長方形があります。⑦と⑦の部分の和から⑦の部分をひいた面積を求めるのに，だいきさんとみおさんは図に線をかき入れて，次のような計算で求めました。それぞれどのような考え方で求めたのか説明しなさい。

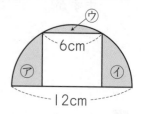

（20点 /1つ10点）

（だいきさん）
$6×6×3.14÷6$
$=18.84 (cm^2)$

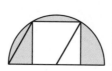

（みおさん）
$6×6×3.14÷6×$
$2-6×6×3.14÷6$
$=18.84 (cm^2)$

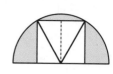

（　　　　　　　　　）　（　　　　　　　　　）

2 右の図のように，1辺が 2 m の正方形のさくがあります。このさくのはしに，長さが 4 m のリードで犬がつながれています。このとき，犬が動くことのできるはん囲の面積を求めなさい。ただし，犬はさくの中に入ることはできないものとします。（10点）

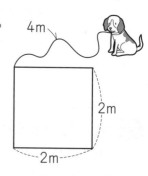

（　　　　　　　　　）

3 右の図について，次の問いに答えなさい。

（20点 /1つ10点）〔同志社香里中－改〕

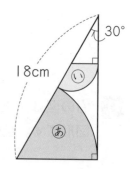

(1) おうぎ形⑩の半径は何 cm ですか。

（　　　　　　　　　）

(2) おうぎ形⑧とおうぎ形⑩の面積の比を，最も簡単な整数の比で表しなさい。

（　　　　　　　　　）

4 右の図は，半径 10cm，中心角 90°のおうぎ形と正方形を組み合わせたものです。色のついた部分の面積は何 cm² ですか。(10点) 〔大谷中(大阪)〕

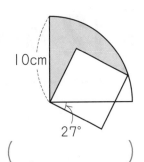

( )

5 右の図のように，正方形の中に半径の等しい円とおうぎ形が入っています。正方形の面積が 200 cm² であるとき，色のついた部分の面積は何 cm² ですか。(10点) 〔甲陽学院中〕

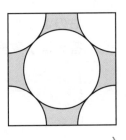

( )

6 右の図のように，正方形ＡＢＣＤがちょうどおさまるように円をかき，さらにその円がちょうどおさまるように正方形ＰＱＲＳをかきます。このとき，正方形ＰＱＲＳの面積は 800 cm² です。(20点 / 1つ10点) 〔慶應義塾普通部〕

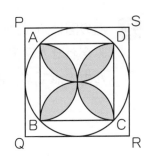

(1) ＡＢの長さを求めなさい。

( )

(2) 半円で囲まれた色のついた部分の面積を求めなさい。

( )

7 右の図のように，1辺が 8 cm の正方形ＡＢＣＤにおいて，各辺を直径とする円を 4 つと，正方形の対角線を直径とする円を 1 つかきました。このとき，色のついた部分の面積は何 cm² ですか。(10点) 〔東京農業大第一高中〕

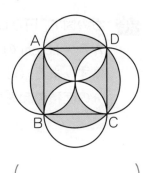

( )

12 複雑な図形の面積

標準クラス

（円周率は 3.14 として計算しなさい。）

1 右の図は，縮尺が 250 万分の 1 の地図です。奈良県の形を右のような長方形だと見ると，面積はおよそ何 km² ですか。答えは小数第一位まで求め，考え方や式も書きなさい。

2 右の図は，1 辺が 10 cm の正方形ＡＢＣＤと半円を組み合わせた図形で，点Ｅは半円の円周部分 CD の真ん中の点です。色のついた部分の面積を求めなさい。

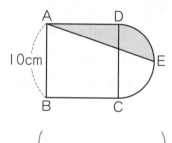

（　　　　　　）

3 図は対角線の長さが 12 cm の正方形ＡＢＣＤを頂点Ｃを中心に時計まわりに 30°回転したものです。色のついた部分の面積を求めなさい。

〔千葉日本大第一中〕

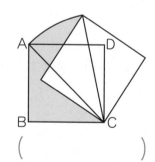

（　　　　　　）

4 右の図で，円Ｏは半径 5 cm，四角形ＡＢＣＤはＡＤ＝ 6 cm，ＡＢ＝ 10 cm の長方形で，辺ＡＤと辺ＢＣは円に接しています。また，Ｏから辺ＡＢまでは 3 cm です。色のついた部分の面積の和を求めなさい。

〔関西学院中〕

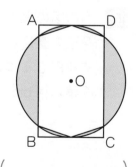

（　　　　　　）

5 図のように，１辺の長さが６cmの正方形と半径６cmのおうぎ形を組み合わせた図形があります。図の色のついた部分アとイの面積の差を求めなさい。　〔奈良学園中〕

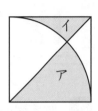

(　　　　　　　)

6 右の図は，平行四辺形ＡＢＣＤの辺ＡＤ上に点Ｅ，辺ＢＣ上に点ＦをＡＥ＝ＢＦ＝８cmとなるようにとった図形です。色のついた部分の面積の和を求めなさい。

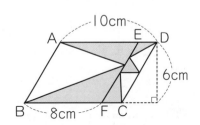

(　　　　　　　)

7 右の図のように，１辺の長さが６cmの正方形ＡＢＣＤの中に，おうぎ形が入っています。色のついた部分の面積の和を求めなさい。　〔清風中－改〕

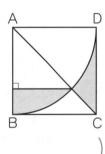

(　　　　　　　)

8 右の図は半円で，点Ａは半円周を６等分する点です。色のついた部分の面積の和を求めなさい。　〔法政大中〕

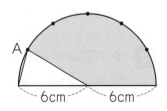

(　　　　　　　)

9 右の図で，おうぎ形ＯＡＢの中心角は90°，ＣはＯＢを２等分する点，Ｄ，Ｅは弧ＡＢを３等分する点です。このとき，色のついた部分の面積を求めなさい。　〔桐蔭学園中〕

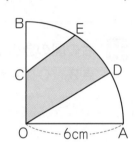

(　　　　　　　)

答え ▶ 別冊20ページ

時 間	35分	得 点	
合 格	80点		点

（円周率は 3.14 として計算しなさい。）

1 対角線の交点に・印がついた正方形の紙が何枚か
あります。この紙の角を・印に合わせて，右の図
のように重ね合わせます。2018 枚の紙を重ね合
わせたときにできる図形の面積を求めなさい。ただし，紙の重なりは 2 枚まで
とします。(10点)　　　　　　　　　　　　　　　　　　　　〔筑波大附中－改〕

2cm

（　　　　　　　　）

2 右の図のような半径 6 cm のおうぎ形があります。色のつい
た部分の面積は何 cm² ですか。(10点)　　　　　〔久留米大附中〕

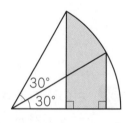

30°
30°

（　　　　　　　　）

3 図のように半円の中に 2 つの長方形があります。このとき，
上の長方形の面積は何 cm² ですか。ただし，点 O は半円
の中心です。(10点)　　　　　　　　　　　　　〔昭和学院秀英中〕

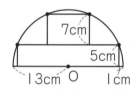

7cm
5cm
13cm　O　1cm

（　　　　　　　　）

4 右の図は半径 6 cm の半円です。色のついた部分の面積を
求めなさい。(10点)　　　　　　　　　　　　〔東邦大付属東邦中〕

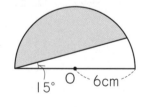

15°　O　6cm

（　　　　　　　　）

5 右の図の色のついた部分の面積を求めなさい。ただし，
点 B，C は A から D までを 3 等分した点です。
(10点)〔大阪星光学院中〕

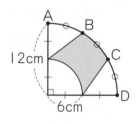

A
B
C
12cm
6cm
D

（　　　　　　　　）

6 右の図のような直角三角形と半円があります。⑦の部分の面積と⑦の部分の面積の合計は 136.97 cm² です。⑦の部分の面積は何 cm² ですか。(10点) 〔甲南女子中〕

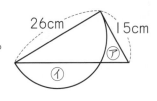

( )

7 右の図のように，半径 12 cm，中心角 90°のおうぎ形OPQ の内部に，1辺が 4 cm の正方形OABCがあります。

(20点/1つ10点)〔江戸川学園取手中〕

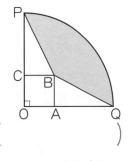

(1) 図中の色のついた部分の面積を求めなさい。

( )

(2) OP上に点Mをとり，MP，MQと曲線PQで囲まれた図形の面積が(1)で求めた面積と等しくなるときのPMの長さを求めなさい。

( )

8 ある公園の土地は(図1)のような形で，色のついた部分の花だんの面積は ア m² です。この花だんを，面積を変えずに(図2)のような平行四辺形にします。辺ABの長さは イ m です。ア，イにあてはまる数を求めなさい。

(10点/1つ5点)〔女子学院中〕

(図1)

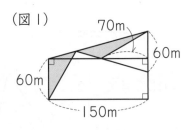

(図2)

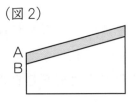

ア( ) イ( )

9 右の図で，色のついた部分の面積は何 cm² ですか。ただし，曲線はOを中心とする円の一部で，A，O，CとB，O，Dはそれぞれ一直線上にあります。(10点) 〔弘学館中〕

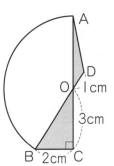

( )

13 図形の面積比

標準クラス

✐ **1** 右の図で，三角形DECは三角形ABCの2倍の拡
大図です。AEとBDが交わる点をFとします。

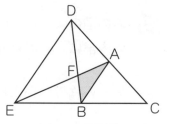

(1) 次のア〜エにあてはまる記号や数を書きなさい。
三角形ABFと三角形 [ア] は拡大図・縮図の関係
にあり，AB：[イ]＝1：2なので，[ウ]：DF＝
1：2です。したがって，三角形ABDの面積は三角形ABFの面積の[エ]倍です。

ア（　　　）イ（　　　）ウ（　　　）エ（　　　）

(2) (1)を使って，三角形DECの面積は三角形ABFの面積の何倍になるか求めます。次の文の後に続くように考え方を書いて，答えを求めなさい。

（考え方）辺DCは辺ADの2倍の長さなので，三角形CBDの面積は

（続き）（　　　　　　　　　　　　　　　　　　　　　　　）

（　　　　　　　　　）

2 右の図は，三角形ABCを面積の等しい4つの三角形に分けたものです。

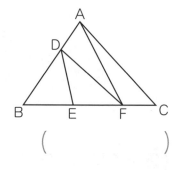

(1) 三角形FADと三角形FDBの面積の比を答えなさい。

（　　　　　　　　　）

(2) BD＝8cmのとき，ABの長さを求めなさい。

（　　　　　　　　　）

(3) BE：EF：FCを，最も簡単な整数の比で答えなさい。

（　　　　　　　　　）

3 右の図で, 平行四辺形ＡＢＣＤの面積は 27 cm² です。点Ｅは辺ＡＢを１：１, 点Ｆは辺ＡＤを１：１に分ける点です。点ＧはＥＤとＢＦの交点です。 〔同志社中〕

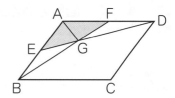

(1) 三角形ＡＥＤの面積は何 cm² ですか。

(   )

(2) 四角形ＡＥＧＦ（色のついた部分）の面積は何 cm² ですか。

(   )

4 図のように, 縦８cm, 横12cmの長方形ＡＢＣＤの辺ＢＣ上に点Ｐがあります。 〔上宮学園中〕

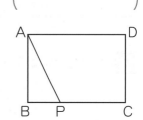

(1) ＢＰの長さが４cmのとき, 台形ＡＰＣＤの面積は何 cm² ですか。

(   )

(2) 三角形ＡＢＰと台形ＡＰＣＤの面積の比が３：５になるとき, ＢＰの長さは何 cm ですか。

(   )

(3) 長方形ＡＢＣＤの対角線ＢＤとＡＰの交点をＥとします。三角形ＡＢＥの面積が16 cm² であるとき, ＢＰの長さは何 cm ですか。

(   )

5 右の図の平行四辺形は辺ＢＣが12cmで,辺ＢＣを底辺としたときの高さは10cmです。点Ｅ, Ｆ, Ｇ, Ｈは辺ＡＢを５等分した点です。点Ｌ, Ｍ, Ｎは辺ＣＤを４等分した点です。さらに点Ｐ, ＱはＥＮを３等分した点です。このとき, 色のついた部分の面積は何 cm² ですか。

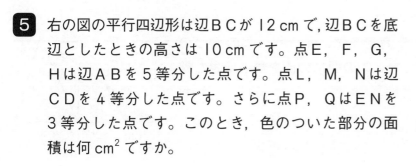
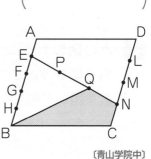

〔青山学院中〕

(   )

13 図形の面積比 ➡ ハイクラス

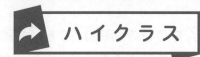

1 図のように，正三角形ＡＢＣの辺上に３点Ｄ，Ｅ，Ｆをとります。このとき，三角形ＡＤＦと三角形ＡＢＣの面積比は ア です。また，三角形ＤＥＦと三角形ＡＢＣの面積比は イ です。ア，イにあてはまる比を，できるだけ簡単な整数の比で答えなさい。

(16点／1つ8点)〔昭和学院秀英中〕

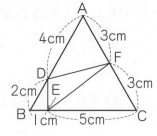

ア（　　　） イ（　　　）

2 右の図のような平行四辺形ＡＢＣＤがあります。ＡＥ：ＥＤ＝３：５，ＤＦ：ＦＣ＝３：２，ＢＧ：ＧＣ＝７：５，ＡＨ：ＨＢ＝２：１です。三角形ＨＢＧの面積が 14 cm^2 のとき，六角形ＡＨＧＣＦＥの面積を求めなさい。

(10点)〔慶應義塾普通部〕

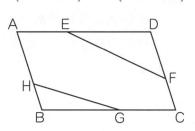

（　　　）

3 図のように，三角形ＡＢＣを面積の等しい７つの三角形に分けました。辺ＡＣの長さは 35 cm です。ＣＦの長さは何 cm ですか。

(10点)〔桃山学院中〕

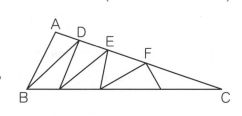

（　　　）

4 右の図のように，三角形を⑦，⑦，⑦，⑦の４つの部分に分けたとき，⑦と⑦の面積の比を最も簡単な整数を用いて表しなさい。(10点) 〔六甲中〕

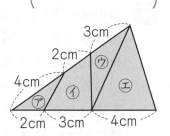

（　　　）

5 右の図のように，正方形を 4 つの長方形⑦～⑤に分けました。長方形⑦の面積が 72 cm² で，長方形⑦，⑦，⑤の面積の比がこの順に 3：2：1 であるとき，もとの正方形の 1 辺の長さを求めなさい。(10点)　〔慶應義塾中〕

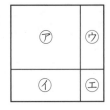

(　　　　　)

6 右の図のような直角三角形において，辺ＡＢは 27 cm，辺ＡＣは 12 cm です。また，⑦の面積は全体の $\frac{2}{5}$，⑦の面積は全体の $\frac{1}{5}$ です。

辺ＢＤ：辺ＤＣ＝3：2 のとき，⑦の面積は何 cm² ですか。(10点)　〔筑波大附中〕

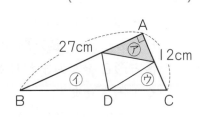

(　　　　　)

7 三角形ＡＢＣにおいて，ＢＣ＝12 cm，点Ｄ，Ｅは辺ＢＣの 3 等分点であり，直線ＥＦ，ＤＧは，どちらも三角形ＡＢＣの面積を 2 等分しています。ＥＦ，ＤＧの交点をＰとします。　〔大阪星光学院中〕

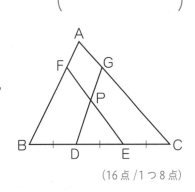

(16点／1つ8点)

(1) ＡＦ：ＦＢ＝1：　ア　であり，ＦＧの長さは　イ　cm です。ア，イにあてはまる数を求めなさい。

ア(　　　) イ(　　　)

(2) 三角形ＰＤＥと三角形ＡＢＣの面積比を最も簡単な整数の比で表しなさい。(10点)

(　　　　　)

(3) 三角形ＡＦＧの面積が 3 cm² のとき，四角形ＢＤＰＦの面積を求めなさい。(8点)

(　　　　　)

14 図形の移動

標準クラス

（円周率は 3.14 として計算しなさい。）

1 右の図のように，縦 3 cm，横 4 cm，対角線の長さ 5 cm の 2 つの長方形 A，B があります。長方形 A は固定しておき，長方形 B を A のまわりをすべることなく 1 周させます。〔岡山白陵中−改〕

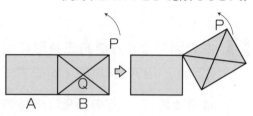

(1) 長方形 B が 1 周してもとの位置にもどるまでに，頂点 P が動いたあとの線を下の図にかきこみ，その長さを求めなさい。

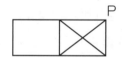

( )

(2) 頂点 P が 1 周してできる図形の面積は，長方形 B の対角線の交点 Q が 1 周してできる図形の面積よりどれだけ大きいですか。

( )

2 図のように，半径 6 cm，中心角 90° のおうぎ形を直線に沿ってすべらないように転がしました。〔常翔啓光学園中〕

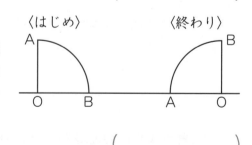

(1) 点 O が動いてできる線の長さは何 cm ですか。

( )

(2) 点 O が動いてできた線と直線で囲まれた図形の面積は何 cm² ですか。

( )

3 図はＡＤ＝12cm，ＢＣ＝18cm，ＡＢ＝10cm の台形です。点Ｐは辺ＡＤ上を動く点で毎秒 2cmの速さで最初にＡを出発してから，Ａ→ Ｄ→Ａと1往復して，最後にＡで止まります。 点Ｑは辺ＢＣ上を動く点で毎秒3cmの速さで 最初にＣを出発してから，Ｃ→Ｂ→Ｃと1往復して最後にＣで止まります。点 Ｐと点Ｑが同時に出発するものとします。

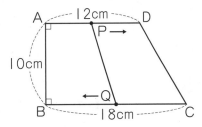

〔千葉日本大第一中一改〕

(1) 点Ｐと点Ｑが出発してから7秒後の四角形ＡＢＱＰの面積を求めなさい。

（　　　　　）

(2) 四角形ＡＢＱＰが出発後はじめて長方形になるのは何秒後ですか。

（　　　　　）

(3) 四角形ＡＢＱＰが出発後2回目に長方形になるのは何秒後ですか。

（　　　　　）

4 （図1）のような広いかべに色がついています。そのかべの前に，（図2）のような 1辺の長さが2mの正方形の板が立っています。（図2）のＡ，Ｂ，Ｃ，Ｄ の各点は2mおきに並んでいます。この板を（図2）の位置から毎秒1mの速さ で矢印の方向へゆかに沿って動かしていきます。この色がついた部分と正方形 の板が重なっている部分の面積を考えます。

〔大谷中（大阪）〕

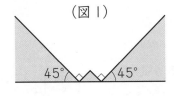

（図1）

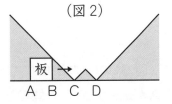

（図2）

(1) この面積がはじめて4m²となるのは，動き出してから何秒後ですか。ただし， 0秒後は考えないものとします。

（　　　　　）

(2) (1)で求めた時間までに，この面積が一定になるときがあります。それは動き出 してから何秒後から何秒後までですか。また，そのときの面積は何m²ですか。

（　　　　　）　面積（　　　　　）

14 図形の移動 → ハイクラス

1 1辺が 16 cm の正方形と半径が 8 cm の円の一部で，右の図のような色のついた部分の図形をつくりました。この図形のまわりを半径が 2 cm の円が動いて 1 周するとき，その円が通過する部分の面積を求めなさい。ただし，円周率は 3.14 とします。(10点)　〔慶應義塾普通部〕

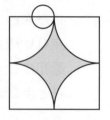

（　　　　　　　　）

2 右の(図 1)の図形は，1 辺の長さが 8 cm の正方形と，となり合う 2 辺の長さが 6 cm，8 cm で，対角線の長さが 10 cm の長方形 2 つを組み合わせた図形です。この図形を，下の(図 2)の直線 ℓ 上を⑦の位置から右へすべることなく転がしました。ただし，円周率は 3.14 とします。

(40点 / 1つ10点)〔清風中〕

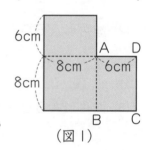

(図 1)

(1) (図 2)の①の状態になるまで転がしたとき，

① 点Aが通ったあとの線の長さを求めなさい。

（　　　　　　　　）

② 長方形ＡＢＣＤが通ったあとの図形の面積を求めなさい。

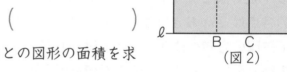

(図 2)

（　　　　　　　　）

(2) はじめて(図 3)の⑦の状態になるまで転がしたとき，点Aが通ったあとの線の長さを求めなさい。

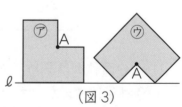

(図 3)

（　　　　　　　　）

(3) はじめて(図 4)の㋒の状態になるまで転がしたとき，点Aが通ったあとの線と(図 4)の太線で囲まれた図形の面積を求めなさい。

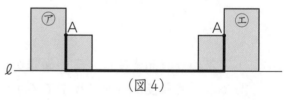

(図 4)

（　　　　　　　　）

3 (図1)のような長方形ＡＢＣＤがあり，その長方形の辺上を一定の速さで動く点Ｐがあります。点Ｐは，点Ａを出発し，辺上を毎秒２cmの速さでＡ→Ｂ→Ｃ→Ｄの順で進みます。また，辺ＢＣ上に点Ｅがあります。(図2)のグラフは，点Ｐが点Ａを出発してからの時間と三角形ＡＰＥの面積との関係を表したものです。

(20点／1つ10点) 〔関西大学中一改〕

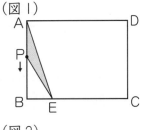
(図1)

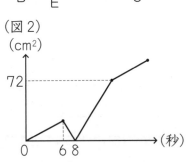
(図2)

(1) 三角形ＡＰＥの面積が 48 cm² となるのは，点Ｐが点Ａを出発してから何秒後ですか。

（　　　　　　）

(2) 点Ｐが点Ａを出発してから 15 秒後の三角形ＡＰＥの面積は何 cm² ですか。

（　　　　　　）

4 正方形Ａと，長方形の中に長方形の穴をあけた図形Ｂがあり，それらを(図1)のように直線上に置き，Ａを矢印の方向に秒速１cmの速さで動かします。(図2)のグラフは，ＡがＢに重なり始めてからの時間とＡがＢに重なる部分の面積の関係を表したものです。(30点／1つ10点)

〔神奈川大附中〕

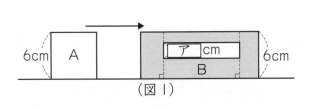
(図1)

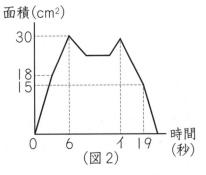
(図2)

(1) アはいくつですか。

（　　　　　　）

(2) イはいくつですか。

（　　　　　　）

(3) 図形Ｂの面積は何 cm² ですか。

（　　　　　　）

1 下の図のように正方形の紙を 2 回折り, 面積が正方形の 4 分の 1 になる二等辺三角形をつくりました。この二等辺三角形を切り取っていろいろな形をつくります。(40点/1つ10点)　　　　　　　　　　　　〔大阪教育大附属平野中〕

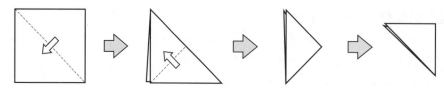

(1) 右の図のように二等辺三角形の各辺を 4 等分し, 色のついた部分を切り取って広げたときの形をかきなさい。

(2) 右の図のように二等辺三角形の各辺を 3 等分し, 色のついた部分を切り取って広げたときに残っている部分は, もとの正方形の何分のいくつですか。

(　　　　　　　)

(3) 右の図のような二等辺三角形を切り取って広げた形が, 2 つの穴があいているものと, 3 つの穴があいているものの 2 通りをつくりたいと思います。それぞれの切り取る部分に色をつけて表しなさい。

穴が2つ　　　　穴が3つ

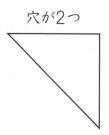

2 直径 18 cm の円の周上に, 円周を 12 等分する点をとります。色のついた部分の面積を求めなさい。ただし, 円周率は 3.14 とします。(12点)　　　〔神戸女学院中一改〕

(　　　　　　　)

3 円の $\frac{1}{4}$ の部分の図形ＯＡＢがあります。(24点/1つ12点) 〔麻布中〕

(1) 右の図において，色のついた部分の面積と図形ＯＡＢの
面積の比を求めなさい。ただし，直線ＯＡ，ＣＤ，ＥＦ
は平行です。

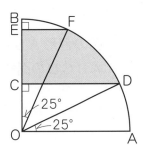

（   ）

(2) 右の図のように，図形ＯＡＢの弧(曲線の部分)を5等
分した各点からＯＡに平行な直線をひきました。ＯＡを
5cmとしたとき，2つの色のついた部分の面積の和を
求めなさい。ただし，円周率は3.14とします。

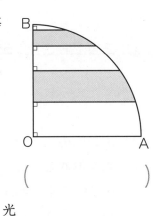

（   ）

4 5段の階段があり，段差も足ふみ場も1mです。
平地に垂直に立てた長さ5mの棒が，階段のい
ちばん下の段差から1mはなれたところにあり
ます。(図1)はそれを真横から見た図で，(図2)
はそれを真上から見た図です。

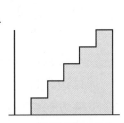

（図1）

(24点/1つ12点)〔白陵中〕

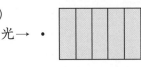

（図2）

(1) 階段がないとき，棒のかげの長さが8mでした。
階段があるとき，棒のかげの長さの合計は何m
になりますか。

（   ）

(2) 階段があるとき，かげの長さの合計は $\frac{23}{4}$ mでした。階段がないとき，棒のか
げの長さは何mになりますか。

（   ）

チャレンジテスト④

1 図の台形ＡＢＣＤにおいて，次の面積は台形
ＡＢＣＤの面積の何倍ですか。

(16点／1つ8点)〔洛南高附中〕

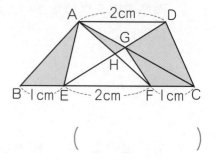

(1) 色のついた部分の面積

(　　　　　　　)

(2) 三角形ＦＧＨの面積

(　　　　　　　)

2 右の図のような，長方形ＰＱＲＳがあり，2つの正
六角形ＡＢＣＤＥＦ，ＧＨＩＪＫＬはともに面積が
6 cm² です。点Ａ，Ｆ，Ｇ，Ｌは辺ＰＳ上の点で，点Ｃ，
Ｄ，Ｉ，Ｊは辺ＱＲ上の点で，点Ｂは辺ＰＱ上の点
です。正六角形ＧＨＩＪＫＬは，点Ｈが点Ｂと重な
る位置から矢印の方向にまっすぐ横に動きます。点Ｈが点Ｅと重なるとき，点Ｋ
は辺ＳＲ上にあります。

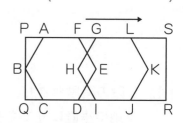

〔明治大付属明治中〕

(1) 長方形ＰＱＲＳの面積は何 cm² ですか。(8点)

(　　　　　　　)

(2) 2つの正六角形の重なる部分の面積が 3 cm² のとき，ＰＦ：ＰＧを最も簡単な
整数の比で表しなさい。(10点)

(　　　　　　　)

(3) 2つの正六角形の重なる部分の面積が $\frac{1}{2}$ cm² のとき，図形ＬＫＪＲＳの面積
は何 cm² ですか。(10点)

(　　　　　　　)

3 図のように，半径１cmと２cmの２つの円が，それぞれ長方形の内部を辺に接しながら動きます。ただし，円周率は3.14とします。

〔ラ・サール中〕

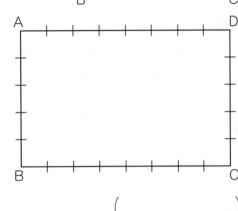

(1) 半径１cmの円が通過できる部分を右の図に色をぬって示しなさい。また，その面積を求めなさい。(10点/1つ5点)

（　　　　　　　　　）

(2) ２つの円のうち，一方のみが通過できる部分の面積を求めなさい。(10点)

（　　　　　　　　　）

4 次の(図１)は直角二等辺三角形ＡＢＣと長方形ＢＣＤＥを重ねた図形です。点Ｐは点Ｂを出発し，一定の速さで点Ｃ，Ｄを通り点Ｅまで長方形の周上を進みます。点Ｐが点Ｂを出発してからの時間と三角形ＡＰＣの面積との関係を表したグラフが(図２)です。

〔関東学院中〕

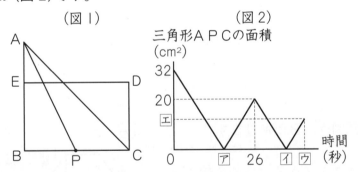

(図１)　　　　(図２)

(1) 辺ＢＣの長さは何cmですか。(8点)

（　　　　　　　　　）

(2) ア，イ，ウ，エにあてはまる数はいくつですか。(20点/1つ5点)

ア（　　　）イ（　　　）ウ（　　　）エ（　　　）

(3) 三角形ＡＰＣの面積が３回目に６cm²になるのは点Ｐが点Ｂを出発してから何秒後ですか。(8点)

（　　　　　　　　　）

15 角柱と円柱の体積

標準クラス

(円周率は 3.14 として計算しなさい。)

1 右の図のように直径 10 cm，高さ 12 cm の円柱から直径 4 cm，高さ 6 cm の円柱を取り出した立体をつくります。この立体の体積は何 cm³ ですか。〔近畿大附中〕

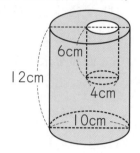

(　　　　　　　)

2 半径 6 cm の円柱を 4 等分した立体から，図のように三角柱を切り取りました。〔関西大第一中〕

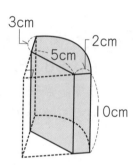

(1) 切り取られた後の立体の体積は何 cm³ ですか。

(　　　　　　　)

(2) 切り取られた後の立体の表面積は何 cm² ですか。

(　　　　　　　)

3 立体の展開図A，Bがあります。〔西南学院中－改〕

図A
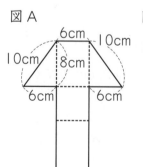

図B
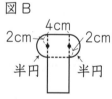

(1) Aを組み立ててできる立体の体積を求めなさい。

(　　　　　　　)

(2) Bを組み立ててできる立体の体積を求めなさい。

(　　　　　　　)

✏️**4** 右の図は，直方体の展開図です。この直方体の体積
を求めなさい。どのように考えたかがわかるように，
考え方や式も書きなさい。

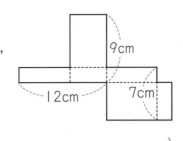

(　　　　　　　　　　　　　　　　　　　　　)

5 1cm ごとに目もりの入った方眼紙があります。右の
図のように，1辺が15cmの方眼紙の四すみから目
もりに沿って同じ大きさの正方形を切り取り，残っ
た部分を組み立てて，ふたのない箱をつくります。

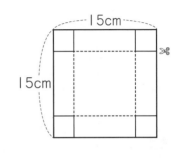

(1) できあがった箱が立方体になるとき，この箱の容積
を求めなさい。

(　　　　　　　　　　　　　　　　　　　　　)

(2) できるだけ大きな容積の箱をつくりたいと思います。切り取る正方形の1辺を
何cmにすればよいか求めなさい。

(　　　　　　　　　　　　　　　　　　　　　)

6 底面が直径20cmの円で高さが40cmの円柱があります。
右の図のように，この円柱を3つの立体に切り分けました。
このとき最も体積の大きい立体と最も体積の小さい立体の体
積の差を求めなさい。ただし，切り口はすべて平らになって
います。

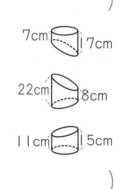

(　　　　　　　　　　　　　　　　　　　　　)

7 右の図のように，長方形と直角三角形を組み合わせた図形を，
直線 ℓ を軸に1回転させるときにできる立体の体積を求めな
さい。ただし，円すいの体積は，（底面積）×（高さ）× $\frac{1}{3}$ で求
めることができます。

〔共立女子第二中〕

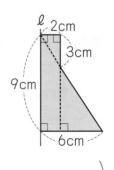

(　　　　　　　　　　　　　　　　　　　　　)

15 角柱と円柱の体積

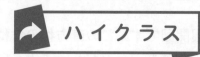

（角すいや円すいの体積は，（底面積）×（高さ）× $\frac{1}{3}$ で求めます。また，円周率は 3.14 として計算しなさい。）

1 右の図は，底面が半径 10 cm の円で高さが 20 cm の円柱から角柱をくりぬいた立体です。角柱の底面は，短いほうの辺の長さが 12 cm の長方形で，円周にぴったりくっついています。色のついた立体の体積と表面積を求めなさい。(20点/1つ10点)

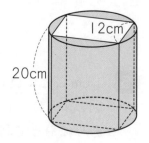

体積（　　　　　　）　表面積（　　　　　　）

2 右の図の直角三角形を，直線 A を軸に 1 回転させるときにできる立体の体積は何 cm³ ですか。(10点)　〔近畿大附中〕

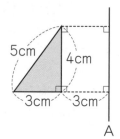

（　　　　　　）

3 右の図のような平行四辺形を直線 ℓ を軸に 1 回転させてできる立体の体積を求めなさい。(10点)　〔栄東中〕

（　　　　　　）

4 円すいを底面と平行な面で切断して右の図のような立体をつくりました。上の面の面積が 4 cm²，下の面の面積が 9 cm²，高さが 5 cm のとき，この立体の体積を求めなさい。

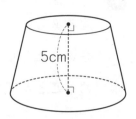

(10点)〔清風南海中〕

（　　　　　　）

5 右の図は，立体を真正面から見た図と真上から見た図です。この立体の体積を求めなさい。(10点)

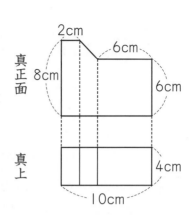

(　　　　　　　　)

6 図のように，高さが5cmの円柱を3つ重ねた立体があります。それぞれ下の段の底面の半径は上の段の底面の半径の1.5倍です。この立体を3つの円柱の底面の中心を通るように2等分すると，断面積は380cm^{2}になりました。(20点/1つ10点)

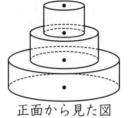
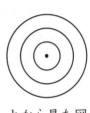

正面から見た図　　　上から見た図

〔桃山学院中〕

(1) 一番下の円柱の底面の半径を求めなさい。

(　　　　　　　　)

(2) もとの立体の体積を求めなさい。

(　　　　　　　　)

7 右の図のような，底面がAB＝3.75cm，BC＝6.25cm，CA＝5cmの直角三角形で，高さは3.75cmである三角柱ABC-DEFがあります。

(20点/1つ10点)〔市川中〕

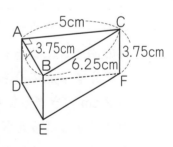

(1) 三角形ABCにおいて，Aから辺BCにひいた垂線をAHとします。このとき，AHの長さを求めなさい。

(　　　　　　　　)

(2) 辺ADを軸にして三角柱を1回転したとき，面BEFCが通ってできる立体の体積を求めなさい。

(　　　　　　　　)

16 立体の体積と表面積

標準クラス

(角すいや円すいの体積は，（底面積）×（高さ）× $\frac{1}{3}$ で求めます。また，円周率は 3.14 として計算しなさい。)

1 右の図のように，直方体から三角すい A–BCD を切り取って 2 つの立体に分けました。三角すいともとの直方体の体積の比は 3 : 80 で，AB＝AC＝AD＝3 cm です。

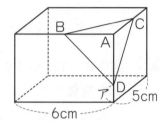

(1) 三角すい A–BCD の体積を求めなさい。

(　　　　　)

(2) アの長さを求めなさい。

(　　　　　)

(3) 2 つの立体の表面積の差を求めなさい。

(　　　　　)

2 右の図アはすべての面が 1 辺の長さが 6 cm の正三角形で，中身のつまった立体です。この立体の頂点 A に集まる 3 本の辺を 3 等分する点のうち，頂点 A から 2 cm のきょりにある 3 つの点を結んでできる三角形でこの立体を切り，頂点 A のあるほうを取り除きます（図イ）。頂点 B，C，D についても，同じことを行います。このようにしてできた立体を P とします。 〔雲雀丘学園中－改〕

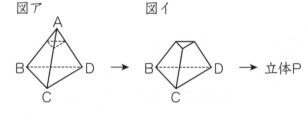

(1) 立体 P は何枚の面で囲まれていますか。

(　　　　　)

(2) 立体 P の表面積は，もとの立体（図ア）の表面積の何倍ですか。

(　　　　　)

3 (図1)のように，底面の半径が6cm，高さが8cmの円すいがあり，その円すいの側面部分に色がぬられています。この円すいを高さが半分のところで切り，（図2）のように2つの立体P，Qに分けました。

〔東海大付属大阪仰星高中〕

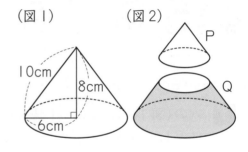

（図1）　　　（図2）

(1) 立体Pの体積は何 cm^3 ですか。

（　　　　　　　）

(2) 立体Pの展開図を考えると，側面はおうぎ形になります。このおうぎ形の中心角の大きさは何度ですか。

（　　　　　　　）

(3) 立体Qの色のついている部分の面積は何 cm^2 ですか。

（　　　　　　　）

4 右の図について，次の問いに答えなさい。

〔獨協中一改〕

(1) BDの長さは何cmですか。

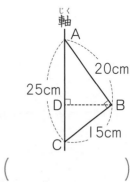

（　　　　　　　）

(2) 三角形ABCを軸のまわりに回転させてできる立体の体積と表面積を求めなさい。

体積（　　　　　） 表面積（　　　　　）

16 立体の体積と表面積

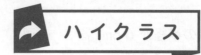

ハイクラス

時 間	35分	得 点
合 格	80点	点

（角すいや円すいの体積は，(底面積)×(高さ)×$\frac{1}{3}$ で求めます。また，円周率は 3.14 として計算しなさい。）

1 次の(図1)のように，1辺の長さが12cmの正方形から色のついた部分を切り落とし，残った部分を折り曲げると(図2)のような四角すいができました。色のついた部分は4つとも合同な二等辺三角形です。

(20点/1つ10点)〔湘南白百合学園中－改〕

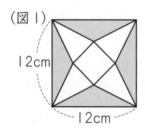
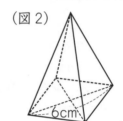

(1) 四角すいの表面積を求めなさい。

（　　　　　　　）

(2) 四角すいの体積を求めなさい。

（　　　　　　　）

2 (図1)は，円すいを底面に平行な面で切ったとき，下側にできる立体です。

(30点/1つ10点)〔同志社香里中〕

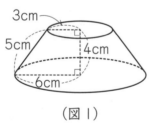
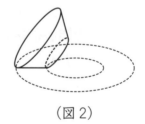

(図1)　　　　　　(図2)

(1) この立体の体積は何 cm³ ですか。

（　　　　　　　）

(2) この立体の表面積は何 cm² ですか。

（　　　　　　　）

(3) この立体を(図2)のように置いて，平面上をすべらないように転がすとき，もとの位置にもどるまでに何回転しますか。

（　　　　　　　）

3 右の図のように，底面が1辺12cmの正方形である直方体Aの上に，底面が半径5cmの円である円柱Bをのせて立体Cをつくりました。立体Cの高さは9cm，体積は935.75cm³です。 〔女子学院中〕

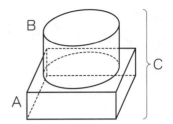

(1) 直方体Aの高さを求めなさい。（求め方も書くこと。）
(12点)

( )

(2) 立体Cの表面積を求めなさい。(8点)

( )

4 図のような同じ大きさの直方体が2個あります。この2つの直方体を同じ大きさの面どうしではり付けると，表面積が128cm²，152cm²，160cm²の3種類の直方体ができます。また，辺の長さの大小関係はacm＜bcm＜ccmです。
(30点/1つ10点)〔法政大第二中〕

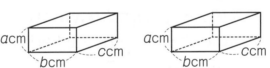

(1) もとの直方体の表面積は何cm²ですか。

( )

(2) もとの直方体の面の中で一番大きい面の面積は何cm²ですか。

( )

(3) もとの直方体の辺の比を調べたところ，a：b：c＝1：2：3となりました。もとの直方体の体積は何cm³ですか。

( )

答え ▶ 別冊32ページ

17 立体の切断

標準クラス

（角すいの体積は，（底面積）×（高さ）×$\frac{1}{3}$で求めます。）

1 図のような１辺の長さが６cmの正三角形が４つと，
正方形からできる四角すいO−ABCDについて辺AB，
OB，CDの真ん中の点をそれぞれL，M，Nとします。
３点L，M，Nをふくむ平面でこの四角すいを切り
分けます。　　　　　　　　　〔駒場東邦中−改〕

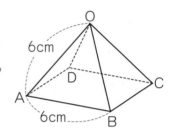

(1) 切断面はどのような図形か答えなさい。

（　　　　　　　　　）

(2) 切断面の周の長さを答えなさい。

（　　　　　　　　　）

2 右の図は，１辺の長さが６cmである立方体ABCD
−EFGHです。点Pは点Eを出発し，辺EA上を毎秒２cm
の速さで往復し続け，点Qは点Fを出発し，辺FB上を毎
秒２cmの速さで往復し続けます。点Rは点Gを出発し，四
角形GCDHの辺上をG→C→D→H→Gの順で，毎秒３cm
の速さで回り続けます。点P，Q，Rが同時に出発したとします。〔芝浦工業大附中〕

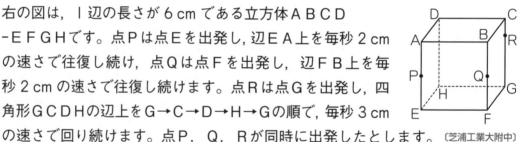

(1) 点P，Q，Rが出発してから３秒後の四角すいP−EFGHの体積を求めなさい。

（　　　　　　　　　）

(2) 点P，Q，Rが出発してから５秒後に，点P，Q，Rを通る面で立方体を切っ
たとき，点Eをふくむ立体の体積を求めなさい。

（　　　　　　　　　）

(3) 点P，Q，Rが出発してから2018秒後に，点P，Q，Rを通る面で立方体を
切ったとき，点Eをふくむ立体の体積を求めなさい。

（　　　　　　　　　）

3 右の図は，中身の見える立方体の容器の中に入れた棒を，正面と真上から見たものです。右下の見取図において，棒はどのように見えますか。右下の見取図にかきなさい。

〔筑波大附中〕

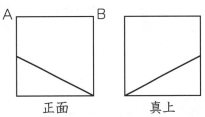

正面　　　　　真上

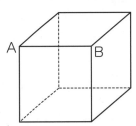

4 (図1)のような1辺の長さが3cmの立方体があります。点Iは辺GH上，点JはDH上にあり，GI＝DJ＝1cmです。この立方体を，3点A，F，Jを通る平面で切ったとき，点Eをふくむ立体をKとします。

〔本郷中〕

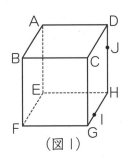

(図1)

(1) 立体Kの表面のうち，もとの立方体の表面にふくまれる部分の面積は何cm^{2}ですか。

（　　　　　　）

(2) この立方体の展開図は(図2)のようになります。(1)で求めた部分を色をぬって表します。残りの部分を色をぬって表しなさい。

(3) 立体Kの体積は何cm^{3}ですか。

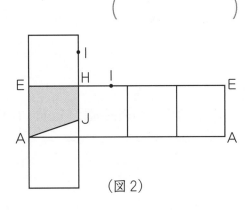

(図2)

（　　　　　　）

17 立体の切断 ➡ 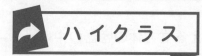 ハイクラス

時間　35分　得点

合格　80点

点

$$\left(\text{角すいの体積は, (底面積)×(高さ)×}\frac{1}{3}\text{で求めます.}\right)$$

1 正八面体は合同な正三角形 8 個で囲まれた立体です。正八面体の各辺の真ん中の点を通る平面ですべてのかどを切り取ります。このとき残った立体について考えます。

〔金蘭千里中〕

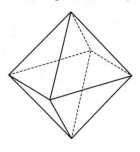

(1) 頂点の数はいくつありますか。(5点)

(　　　　　　　)

(2) 面の数はいくつありますか。(5点)

(　　　　　　　)

(3) この立体の体積はもとの正八面体の体積の何倍ですか。(10点)

(　　　　　　　)

2 右の図は，直方体から三角柱を切り取ってできた立体です。

〔同志社香里中〕

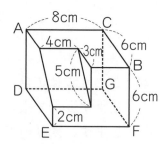

(1) この立体の体積は何 cm³ ですか。(7点)

(　　　　　　　)

(2) この立体の表面積は何 cm² ですか。(7点)

(　　　　　　　)

(3) この立体を，頂点C，E，Gを通る平面で切ったとき，頂点Aをふくむ立体の体積は何 cm³ ですか。(10点)

(　　　　　　　)

3 右の図のような AB＝6 cm, BC＝6 cm, BF＝12 cm の直方体があります。AM＝BP＝3 cm, DQ＝6 cm です。この直方体を次の(1), (2), (3)の3点を通る平面で切ったとき，点Aをふくむほうの立体の体積はそれぞれ何 cm³ですか。 〔大谷中(大阪)－改〕

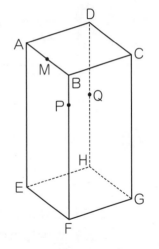

(1) 3点B，D，E （8点）

(　　　　　　　　　)

(2) 3点F，M，H （10点）

(　　　　　　　　　)

(3) 3点C，P，Q （10点）

(　　　　　　　　　)

4 右の図のような，底面が台形の四角柱があります。高さは4 cm，底面ABCDは，AB＝5 cm，BC＝6 cm，CD＝5 cm，DA＝12 cm の台形です。 〔久留米大附中〕

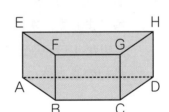

(1) この四角柱の体積は何 cm³ですか。（8点）

(　　　　　　　　　)

(2) 4点E，B，C，Hを通る面でこの立体を2つに切って下側だけを残します。残った立体の体積は何 cm³ですか。（10点）

(　　　　　　　　　)

(3) さらに，(2)の立体を，底面に平行な面で2つに切って下側だけ残します。底面から2 cm の高さで切ったとき，切り口の面積は何 cm²ですか。また，残った立体の体積は何 cm³ですか。（10点）

面積(　　　　　) 体積(　　　　　)

18 立方体についての問題

標準クラス

1 右の図のように立方体を規則的に
重ね, 底の面もふくめてすべての
表面をペンキでぬります。7段ま
で積み上げたとき, 1面だけがぬ
られた立方体の個数を求めなさい。

1段　2段　3段　　4段

〔筑波大附中〕

(　　　　　　　)

2 1辺が1cmで表面が白色の立方体を, すき間なく積み重ねた直方体がありま
す。まず, その直方体の表面をすべて青色にぬりました。次に, 青色の面があ
る1辺が1cmの立方体を全部はずして, 残った直方体の表面をすべて赤色に
ぬりました。次に, 赤色の面がある1辺が1cmの立方体を全部はずしたところ,
1辺が1cmの立方体が7個残りました。　　　　　〔甲南女子中〕

(1) 最初の直方体は1辺が1cmの立方体を何個使っていますか。

(　　　　　　　)

(2) 2面だけが青色にぬられた1辺が1cmの立方体は何個ありますか。

(　　　　　　　)

(3) 1面だけが赤色または青色にぬられた1辺が1cmの立方体は何個ありますか。

(　　　　　　　)

3 1, 2, 3がそれぞれ2つずつ書かれた立方体があり, 向かい合った面は同じ
数になっています。この立方体を, 縦7個, 横6個, 高さ5個の直方体にな
るように机の上に積み重ねます。見えている5面の数の和が最も小さくなると
き, その和を求めなさい。　　　　　〔四天王寺中〕

(　　　　　　　)

4 1辺が1cmの立方体を重ねて図のような1辺5cmの立方体をつくりました。図の色のついた部分を反対側の面までまっすぐ，くりぬきます。くりぬいたあとの立体の体積を求めなさい。 〔城北埼玉中〕

(1)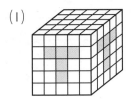

(2)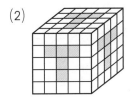

(　　　　　　)　　　　　(　　　　　　)

5 同じ大きさの立方体がたくさんあります。この立方体の何個かを，面と面がぴったり重なるようにのりではり合わせて立体をつくりました。この立体を正面と右の2方向から見ると，右の図のようになりました。このとき，使っている立方体の数として考えられる最大の数は14個です。では，最小の数はいくつですか。 〔慶應義塾普通部〕

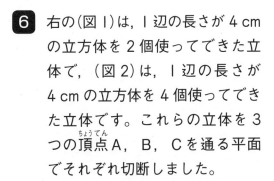

正面から見た図　　右から見た図

(　　　　　　)

6 右の(図1)は，1辺の長さが4cmの立方体を2個使ってできた立体で，(図2)は，1辺の長さが4cmの立方体を4個使ってできた立体です。これらの立体を3つの頂点A，B，Cを通る平面でそれぞれ切断しました。

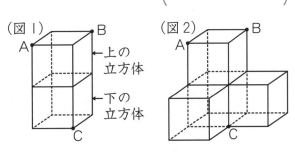

〔城北中一改〕

(1) (図1)の立体における切り口のうち，上の立方体にふくまれる部分の面積と下の立方体にふくまれる部分の面積の比を求めなさい。

(　　　　　　)

(2) (1)の切り口のうち，下の立方体にふくまれる部分の面積を調べると6cm²でした。このとき，(図2)の立体における切り口の図形の面積を求めなさい。

(　　　　　　)

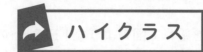

18 立方体についての問題

1 1辺の長さが1cmの立方体を「小さい立方体」，1辺の長さが5cmの立方体を『大きい立方体』と呼ぶことにします。右の図のように，「小さい立方体」を125個積み重ねて，『大きい立方体』をつくります。この『大きい立方体』の表面をすべて赤色でぬります。〔明星中〕

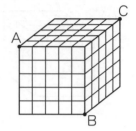

(1) 赤色でぬられた面が3つある「小さい立方体」は，全部で何個ありますか。(10点)

(　　　　　)

(2) 赤色でぬられた面が2つある「小さい立方体」は，全部で何個ありますか。(10点)

(　　　　　)

(3) どの面も赤色でぬられていない「小さい立方体」は，全部で何個ありますか。
(10点)

(　　　　　)

(4) 図の3点A，B，Cを通る平面で『大きい立方体』を切るとき，切られた「小さい立方体」は何個ありますか。(15点)

(　　　　　)

2 (図1)の立体は，1辺が10cmの立方体に穴をあけたものです。どの面も(図2)のようになっていて，それぞれの穴は1辺が4cmの正方形を底面とする直方体を反対の面までくりぬいたものです。この立体の体積は何cm³ですか。

(10点)〔淳心学院中〕

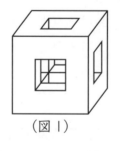

(図1)

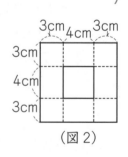

(図2)

(　　　　　)

3 (図1)のように，立方体をいくつか積み重ねて立体をつくります。(図1)の立体に使われている立方体は4個で，この立体を正面，真上，真横から見ると，それぞれ(図2)のようになります。
〔学習院女子中－改〕

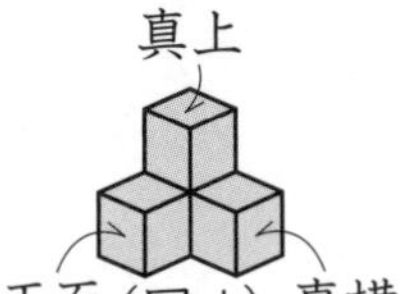

真上

正面(図1)真横

正面　真上　真横

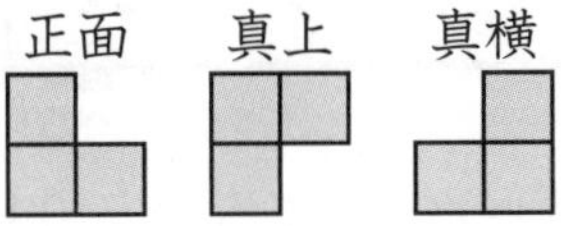

(図2)

(図3)

(図4)

(1) ある立体を正面，真上，真横のどこから見ても(図3)のように見えました。この立体に使われている立方体の個数として考えられるのは，最少で何個ですか。
(10点)

(　　　　　　)

(2) 正面，真上，真横のどこから見ても(図3)のように見える立体で，立方体を27個使ってつくられるものは(図4)の1種類です。正面，真上，真横のどこから見ても(図3)のように見える立体で，立方体を26個使ってつくられるものは何種類あるか求めなさい。ただし，(図5)のように回転して同じになる立体は同じ種類とします。(10点)

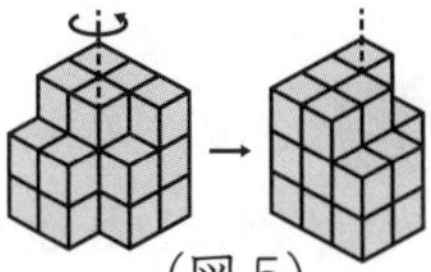

(図5)

(　　　　　　)

(3) 正面，真上，真横のどこから見ても(図3)のように見える立体で，立方体を25個使ってつくられるものは何種類あるか求めなさい。ただし，(図5)のように回転して同じになる立体は同じ種類とします。必要ならば次のマスを用いなさい。
(15点)

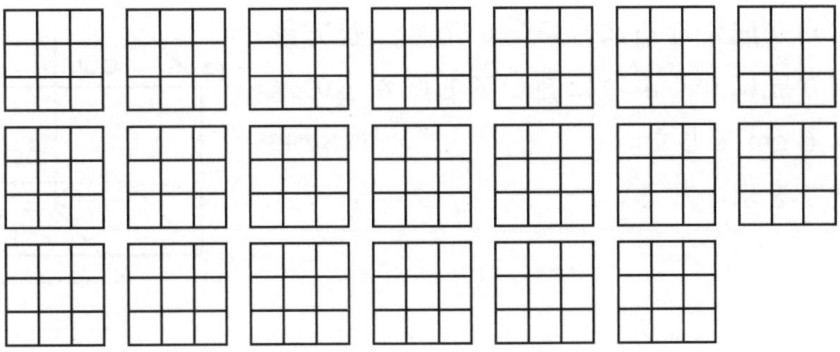

(　　　　　　)

(4) 立方体の1辺の長さが1cmであるとき，(3)の立体のうち，最も表面積の大きいものは何cm²ですか。(10点)

(　　　　　　)

19 容 積

標準クラス

1 右の図のような容器に，矢印（→）のところから 3 L の水を入れました。底面から何 cm の高さまで水は入りますか。　〔愛知淑徳中〕

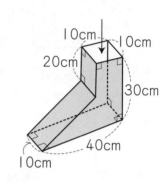

（　　　　　　　　　）

2 右の（図 1）のように，直方体の形をした容器に 15 cm の深さまで水が入っています。この容器を（図 2）のように 45° かたむけて，入っていた水を出し，その後，（図 1）のようにまっすぐ立てると，水の深さは何 cm になりますか。

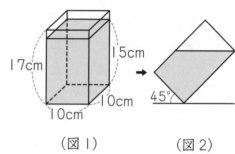

（図 1）　　　（図 2）

（　　　　　　　　　）

3 右の図のような直方体から直方体を切り取った形の密閉された容器に水が入っています。長方形 A B C D が底になるように置いても，長方形 E F G H が底になるように置いても底からの水の高さは 6 cm でした。　〔法政大中〕

(1) A B の長さを求めなさい。

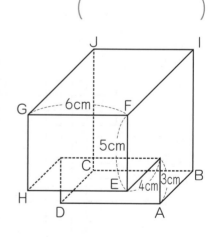

（　　　　　　　　　）

(2) この容器を，長方形 B I J C を底になるように置いたときの底からの水の高さを求めなさい。

（　　　　　　　　　）

4 （図１）のように，縦10cm，横18cm，高さ15cm
の直方体の水そうに9cmまで水が入っています。
この中に，（図２）のような，縦4cm，横9cm，
高さ15cmの直方体を半分に切った三角柱を入
れます。　　　　　　　　　　　〔大阪教育大附属池田中〕

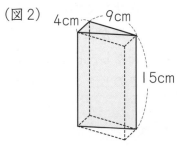

（図１）

（図２）

(1) 三角柱がすっかりしずむように入れたとき，水そ
うの水の深さは何cmになりますか。

（　　　　　　　　）

(2) 右の図のように直角三角形の面を底にし，三角柱を立てて
入れたとき，水そうの水の深さは何cmになりますか。

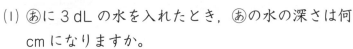

（　　　　　　　　）

5 右の図のように，直方体の形をした3つの水そ
う⑤，①，②があり，水そうは固定されています。
厚みは考えないものとします。　　〔広島学院中〕

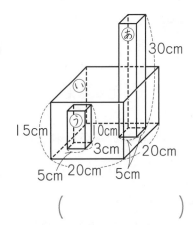

(1) ⑤に3dLの水を入れたとき，⑤の水の深さは何
cmになりますか。

（　　　　　　　　）

(2) (1)の状態からさらに，⑤に4.11Lの水を入れると，⑤はいっぱいになり，こ
ぼれた水は①に入ってから②にも入りました。このとき，②の水の深さは何cm
ですか。

（　　　　　　　　）

19 容 積　→ ハイクラス

1 右の図は, 底面の直径が 8 cm, 高さが 10 cm の円柱状のつつを, 底面に垂直な面でちょうど半分の大きさに切断してつくった容器です。この容器を, 面ＡＢＣＤがゆかと平行になるように置き, 水を満たしました。ただし, 円周率は 3.14 とします。

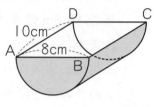

〔青雲中〕

(1) このときの水の体積を求めなさい。(10点)

(　　　　　　　)

(2) 水を満たした後, 面 ABCD とゆかが 45° になるまで容器を静かに転がしてかたむけたとき, 容器に残った水の体積を求めなさい。(12点)

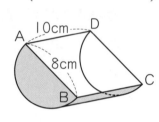

(　　　　　　　)

2 縦 8 cm, 横 4 cm, 高さ 4 cm の直方体の容器いっぱいに水が入っています。これを(図1)のようになるまでかたむけます。

〔清風南海中〕

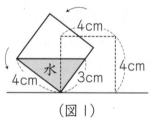
（図1）

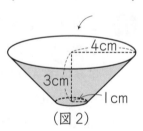
（図2）

(1) 容器からこぼれた水は何 cm^3 ですか。(10点)

(　　　　　　　)

(2) (1)でこぼれた水をすべて(図2)の容器に入れます。(図2)の容器からあふれる水は何 cm^3 ですか。ただし, (円すいの体積)$= \frac{1}{3} \times$ (底面積) × (高さ)です。また, 円周率は $\frac{22}{7}$ として計算しなさい。(12点)

(　　　　　　　)

3 縦 20 cm，横 30 cm，高さ 40 cm の水そうがあり，高さ 20 cm まで水が入っています。この水そうにある大きさの球を 1 個しずめたところ，水面の高さが 20.5 cm になりました。〔開明中〕

(1) この球の体積は何 cm³ ですか。(10 点)

$$(\qquad\qquad)$$

(2) この水そうから球を取り除き，代わりに体積 15000 cm³ の直方体を水中に完全にしずめたところ，水が水そうからあふれました。その後直方体を取り出したときの水面の高さは何 cm ですか。(12 点)

$$(\qquad\qquad)$$

(3) (2)の後，この水そうに先ほどの球と同じ大きさの球を合計 4 個と，縦 10 cm，横 10 cm，高さ 50 cm の直方体を，正方形を下の面にしてしずめました。このとき，水面の高さは何 cm ですか。(10 点)

$$(\qquad\qquad)$$

4 図のように，仕切りのある立方体の水そうがあります。点 A，B は各辺の真ん中の点で，それぞれの仕切りは側面に平行です。仕切りで分けられた 4 つの部分に同じ量の水を入れたところ，どの部分からも水はあふれませんでした。水面の高さの比は，低いものから順に，3：4：9：[ア] となりました。図の [イ] には 1 より大きい数があてはまるとき，[ア]，[イ] にあてはまる数を答えなさい。ただし，仕切りの厚さは考えないものとします。

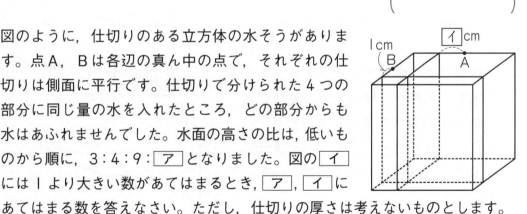

(24 点 / 1 つ 12 点)〔清風南海中〕

$$ア(\qquad)\quad イ(\qquad)$$

20 水量の変化とグラフ

標準クラス

1 右の図のように、鉄でつくられた円柱を2つ上下に重ねて、水の入っていない直方体の形をした水そうの中に置きました。水そうは縦20cm、横30cm、深さ40cmです。グラフは、この水そうに、水を一定の割合で入れたときの、水の深さと時間との関係を表したものです。

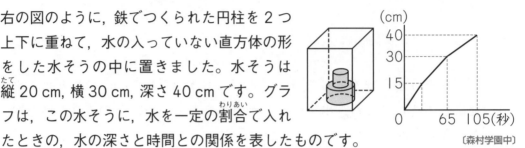

〔森村学園中〕

(1) 水を毎秒何cm³の割合で入れましたか。

(　　　　　　　)

(2) 小さい円柱だけを水そうの中に置いて水を入れると、満水になるまでに138秒かかりました。大きい円柱だけを水そうの中に置いて水を入れると、満水になるまでに何秒かかりますか。

(　　　　　　　)

2 (図1)のように、縦80cm、横30cm、高さ45cmの直方体の形をした水そうの中に直方体の形の仕切りが2つ入っています。この水そうに一定の割合で①の場所から水を入れました。水を入れ続けた時間と②の部分における水の深さを表したものが(図2)のグラフです。

〔明治大付属中野中〕

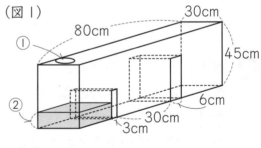

(図1)

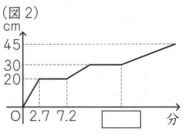

(図2)

(1) 水は1分間に何Lの割合で入っていますか。

(　　　　　　　)

(2) (図2)のグラフの ☐ に入る数を求めなさい。

(　　　　　　　)

3 (図 1)のように，大きな直方体から小さな直方体を切り取った形をした容器があり，この容器には1つの穴（あな）があいています。この容器を，面Aを下にして水平に置き，穴から一定の割合で水を入れ，容器を水でいっぱいにしました。このとき，水を入れ始めてからの時間と水の深さとの関係を表すグラフは(図2)のようになりました。次に，面Bを下にして水平に置き，穴から一定の割合で水を出し，容器を空にしました。このとき，水を出し始めてからの時間と水の深さとの関係を表すグラフは(図3)のようになりました。

[渋谷教育学園幕張中]

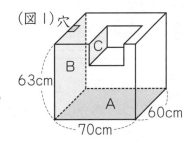

(図 1)穴
63cm
70cm
60cm
B
C
A

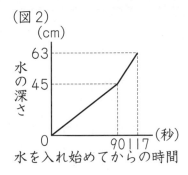

(図 2)
(cm)
水の深さ
63
45
0
90 117 (秒)
水を入れ始めてからの時間

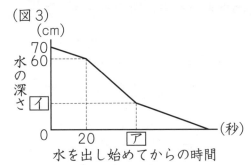

(図 3)
(cm)
水の深さ
70
60
イ
0
20 ア (秒)
水を出し始めてからの時間

(1) この容器の容積は何 cm³ ですか。

( )

(2) (図 1)の面Cの面積が面Bの面積の $\frac{1}{6}$ であるとき，[ア]，[イ]にあてはまる数は，それぞれいくつですか。

ア ( ) イ ( )

4 一定の割合で水を入れるじゃ口と，一定の割合で水を出すせんのついた水そうがあります。55L の水が入った水そうにじゃ口を開けて水を入れました。水そうが満水になると，じゃ口を閉め忘（わす）れたままでせんをぬき，とちゅうで気づいてじゃ口を閉めました。右のグラフは，水を入れ始めてからの時間と水そうの水の量の関係を表したものです。この水そうの満水時の水の量を求めなさい。

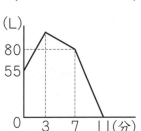

(L)
80
55
0
3 7 11(分)

( )

20 水量の変化と
グラフ 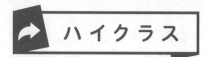 ハイクラス

1 図のように，直方体の容器に正方形の仕切りを底面に垂直(すいちょく)に立てて，A，Bの
2つの部分に分けます。Aの部分には28度の水を，Bの部分には70度のお
湯をそれぞれ一定の割合(わりあい)で入れます。A，Bの部分に水とお湯を同時に入れ始め，
Aの部分の水面の高さが20cmになったしゅん間に水とお湯を同時に止めま
した。水とお湯を入れ始めてから経過した時間とAの部分の水面の高さの関係
はあとのグラフのようになりました。ただし，仕切りの厚さは考えず，水やお
湯は温度によって体積は変わらないものとします。また，水やお湯の温度が変
わるのは水やお湯を混ぜたときのみとし，そのときの水の温度は次の式にした
がって求められるものとします。　　　　　　　　　　　　　　　　〔清風南海中〕

（水とお湯を混ぜたときの温度）

$$= \frac{（水の温度）×（水の体積）＋（お湯の温度）×（お湯の体積）}{（水の体積）＋（お湯の体積）}$$

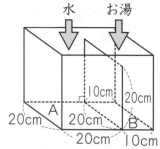
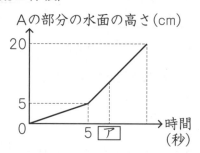

(1) 水とお湯を入れる割合はそれぞれ毎秒何cm³ですか。(10点/1つ5点)

水 (　　　　　　) お湯 (　　　　　　)

(2) 水とお湯を入れ始めてから8秒後のAの部分の水面の高さと温度を求めなさい。

(16点/1つ8点)

水面の高さ (　　　　　) 温度 (　　　　　)

(3) Aの部分の水の温度が40度になるのは水とお湯を入れ始めてから何秒後です
か。(8点)

(　　　　　　　)

(4) グラフの ア の時点で水とお湯を止めて仕切りをはずしたときを考えます。A
の部分の水面の高さは仕切りをはずす前より3.2cm上がりました。 ア にあ
てはまる数を答えなさい。(8点)

(　　　　　　　)

2 右のような内側に階段のついた水そうがあり、一定の割合で水を入れました。水を入れ始めてからの時間（分）と、水そうの底から測った水面までの高さ（cm）の関係をグラフで表すと、一部が右のようになりました。また、水を入れ始めてから 8 分 45 秒後の高さは 36cm であり、16 分でこの水そうは満水になりました。

〔ラ・サール中一改〕

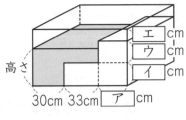

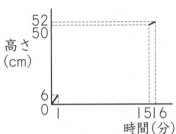

(1) ア に入る数を求めなさい。(8点)

（　　　　　　　）

(2) 高さが イ cm、および イ ＋ ウ cm となるのはそれぞれ水を入れ始めてから何分何秒後ですか。(16点／1つ8点)

イcm（　　　　　）　イ＋ウcm（　　　　　）

(3) イ , ウ , エ に入る数を求めなさい。(18点／1つ6点)

イ（　　　）　ウ（　　　）　エ（　　　）

3 (図1)のような、仕切りとはい水口の付いた水そうに、給水管から水を入れます。はじめはい水口は閉じておき、水そうが満水になったところで、水を止めはい水口を開きます。(図2)のグラフは、水を入れ始めてからの時間と、底面Aから水面までの高さの関係を表したものです。1分間に給水する量とはい水する量はそれぞれ一定であるとし、仕切りの厚さは考えないものとします。　〔神奈川大附中一改〕

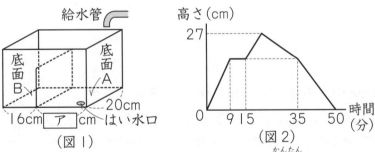

(図1)　　　　　　　　(図2)

(1) 1分間に給水する量とはい水する量の比は、最も簡単な整数の比で表すといくらになりますか。(6点)

（　　　　　　　）

(2) 仕切りの高さは何 cm ですか。(10点)

（　　　　　　　）

チャレンジテスト⑤

（角すいや円すいの体積は，(底面積)×(高さ)× $\frac{1}{3}$ で求めます。また，円周率は 3.14 として計算しなさい。）

1　図のように，図形を直線 ℓ のまわりに1回転させたときにできる立体について考えます。(20点/1つ10点)　　〔日本大豊山中〕

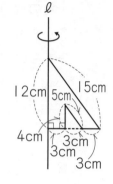

(1) 体積を求めなさい。

（　　　　　）

(2) 表面積を求めなさい。

（　　　　　）

2　1辺6cmの立方体をある平面で切断し，真正面，真上，真横から見たところ，右の図のようになりました。この立体の体積を求めなさい。(10点)

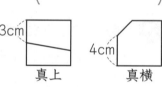

真正面　　真上　　真横

〔ラ・サール中〕

（　　　　　）

3　1辺が3cmの立方体を図の様に辺を3等分した点A，Bと頂点Cを結んで切ります。DEの長さは ア cmで，点Dをふくむ立体の体積は イ cm³ です。 ア ， イ にあてはまる数を求めなさい。

(20点/1つ10点)〔芝中〕

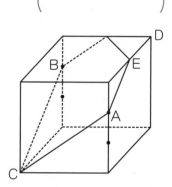

ア（　　　）イ（　　　）

4 （図1）のように，1辺8cmの立方体の手前の面から反対の面まで1辺2cmの正方形にまっすぐくりぬかれた立体があります。この立体を上の面から反対の面まで1辺2cmの正方形でまっすぐ1回くりぬいて穴をあけます。ただし，くりぬく正方形の各辺は，立方体の上の面の各辺と重ならず，立方体の上の面の各辺と平行であるとします。

〔立教新座中一改〕

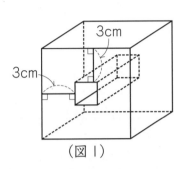
（図1）

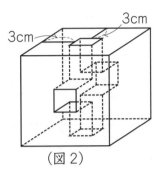
（図2）

(1) （図2）のようにくりぬいたとき，残った部分の立体の体積と表面積をそれぞれ求めなさい。(20点 / 1つ10点)

体積 (　　　　　)　表面積 (　　　　　)

(2) 残った部分の立体の体積が452cm³になるとき，その立体の表面積を求めなさい。(10点)

(　　　　　)

5 右の図のように，1辺が12cmの立方体から4つの立体を切り取りました。(20点 / 1つ10点)　〔慶應義塾普通部〕

(1) 残った立体の体積を求めなさい。

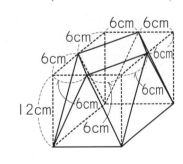

(　　　　　)

(2) 残った立体の表面積を求めなさい。

(　　　　　)

チャレンジテスト⑥

（円すいの体積は，（底面積）×（高さ）× $\frac{1}{3}$ で求めます。また，円周率は 3.14 として計算しなさい。）

1 ＡＤ＝20cm，ＡＢ＝15cm，ＡＥ＝30cm の直方体の形をした容器に，はじめに 4.5 Ｌ の水が入っていました。この容器の中に，（図１）のように三角柱のおもりをしずめます。

(20点/1つ10点)〔慶應義塾中〕

(1) おもりをしずめると，水面の高さは何cm上昇（じょうしょう）しますか。

(　　　　　　　)

(2) （図２）のように，辺ＥＨをゆかにつけたまま，底面ＥＦＧＨの辺ＦＧ側を静かに持ち上げました。面ＡＰＱＤがこのときの水面を表しているとき，ＰＦの長さを求めなさい。ただし，水はこぼれていないものとします。

(　　　　　　　)

2 底面の半径が 10cm，高さが 30cm の円柱の容器があります。

(20点/1つ10点)〔早稲田実業学校中－改〕

(1) この容器の片側（かたがわ）の底面に，底面の大きさが等しい円すいをとりつけた容器を考えます。この容器を真横にして半分だけ水を入れたところ，（図１）のようになりました。次に円すいをとりつけた方の底面が下にくるように容器を立てたとき，（図２）のように「水の深さ」がちょうど円すいの高さと等しくなりました。このとき，「水の深さ」は何cmですか。

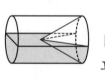

（図１）

立てる

（図２）　水の深さ

(　　　　　　　)

(2) （図１）の状態からさらに水を入れて，円すいをとりつけたほうの底面が上にくるように容器を立てたとき，（図３）のようになり，「水の深さ」は 18cm でした。この状態から上下を逆さまにして，円すいをとりつけたほうの底面が下にくるように容器を立てたとき，「水の深さ」は何cmですか。

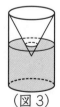

（図３）

(　　　　　　　)

3 下の(図1)のような，底面に垂直な2つの仕切りで分けられた直方体の水そう
　　が，水平に置かれています。水そうの底面を(図1)のようにA，B，Cとします。
　　水そうの高さは15cm，AとB，Cを分ける仕切り㋐の高さは㋐cm，BとCを
　　分ける仕切り㋑の高さは8cm，底面A，Bの横の長さはそれぞれ20cm，54cm
　　で，底面Bの面積と底面Cの面積の比は5：4です。空の水そうに給水管①か
　　らA側に給水管②からC側に2：3の割合で同時に水を入れ始めます。(図2)は，
　　水を入れ始めてからの時間とB上の水面の高さの関係をグラフに表したもので
　　す。

〔帝塚山中－改〕

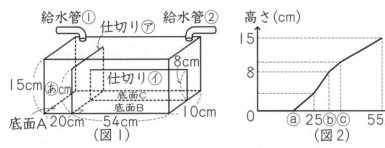

(1) 給水管①，給水管②から給水される水の割合は，それぞれ毎分何cm³ですか。

(10点/1つ5点)

給水管①（　　　　　　　）給水管②（　　　　　　　）

(2) ⓐ，ⓑ，ⓒに入る数は，それぞれ何ですか。(30点/1つ10点)

ⓐ（　　　）ⓑ（　　　）ⓒ（　　　）

4 縦20cm，横30cm，高さ25cmの直方体の容器が
　あり，その真上から，毎分500cm³の割合で水を入
　れます。後の，グラフ①は(図1)のように底面が正
　方形の四角柱の鉄の棒Aを立てて1本置いた場合の，
　グラフ②はその棒Aを置かなかった場合の，水を入
　れ始めてからの時間と底から水面までの高
　さの関係を表したものです。このとき，棒
　Aの高さと底面の1辺の長さを求めなさい。

(20点/1つ10点)〔國學院大久我山中－改〕

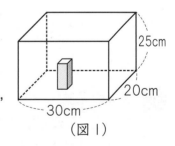

(図1)

高さ（　　　　　　　）1辺の長さ（　　　　　　　）

答え▶別冊42ページ

21 倍数算

標準クラス

1 兄が 1000 円，弟が 600 円持って，ノートを買いに出かけました。2 人が同じノートを 5 冊(さつ)ずつ買ったところ，兄の残金が弟の残金の 3 倍になりました。このノート 1 冊の値段(ねだん)を求めなさい。〔愛知教育大附属名古屋中〕

(　　　　　)

2 太郎(たろう)さんと花子さんが持っている金額の比は 10：7 でした。花子さんが太郎さんに 300 円をわたすと，太郎さんと花子さんが持っている金額の比は 8：5 になりました。太郎さんは最初いくら持っていましたか。〔同志社中〕

(　　　　　)

3 A さんと B さんが同じかばんを買いました。A さんの所持金ははじめの半分になり，A さんと B さんの所持金の比は 5：1 になりました。さらに，A さんと B さんはそれぞれお母さんから 1000 円をもらったので，所持金の比は 39：11 になりました。今の A さんの所持金と，かばんの値段を求めなさい。〔甲南女子中ー改〕

所持金(　　　　　)　かばんの値段(　　　　　)

4 3 人の兄弟，一郎，次郎，三郎が，はじめに持っている所持金の比は 7：3：2 でした。3 人で電車に乗って公園に行きました。電車賃(でんしゃちん)は，一郎と次郎は 680 円，三郎は小学生なので 2 人の半額で 340 円でした。その後，3 人の所持金の比は，19：7：5 になりました。はじめに，三郎が持っていた所持金は何円ですか。〔同志社中〕

(　　　　　)

5 兄と弟が持っている金額の比は 7：5 でした。兄は 1500 円，弟は 750 円の おもちゃをそれぞれ買ったので，残った金額の比が 8：7 になりました。この とき，兄と弟がはじめに持っていた金額をそれぞれ求めなさい。　〔浅野中〕

兄（　　　　）弟（　　　　）

6 兄弟は親からそれぞれおこづかいをもらいました。兄のおこづかいは弟より 300 円多かったですが，そこから兄が 400 円使い，弟はさらに親から 200 円 もらったので，兄と弟のおこづかいの比は 3：5 になりました。最初に兄がも らったおこづかいはいくらですか。　〔帝塚山中〕

（　　　　　　）

7 先月までの兄と弟の貯金額の比は 1：3 でしたが，今月は兄が 800 円貯金して， 弟は貯金から 400 円使ったところ，貯金額の比が 3：2 となりました。先月 までの兄の貯金額を求めなさい。　〔茗溪学園中〕

（　　　　　　）

8 としお君は妹の 5 倍より 180 円多くお金を持っていました。としお君は 300 円を母親にわたし，妹は母親から 400 円をもらったところ，としお君の持っ ている金額は妹の 2 倍より 200 円少なくなりました。としお君は最初にお金 をいくら持っていましたか。　〔東京都市大付中〕

（　　　　　　）

21 倍数算

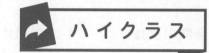

ハイクラス

1 白いふくろと赤いふくろのそれぞれの中に, 10円玉と100円玉が入っています。白いふくろには10円玉と100円玉が合わせて140枚入っていて, その合計金額は3920円です。赤いふくろに入っている10円玉と100円玉の枚数の比は3:2で, その合計金額は8280円です。(30点/1つ10点)〔浦和明の星女子中〕

(1) 白いふくろに入っている10円玉と100円玉の枚数をそれぞれ答えなさい。

10円玉（　　　　　）　100円玉（　　　　　）

(2) 赤いふくろに入っている10円玉と100円玉の枚数をそれぞれ答えなさい。

10円玉（　　　　　）　100円玉（　　　　　）

(3) 赤いふくろの中から10円玉と100円玉をそれぞれ何枚か取り出して白いふくろに移しました。すると, 赤いふくろの中に入っている10円玉と100円玉の枚数の比は1:1になり, 白いふくろの中に入っている10円玉と100円玉の枚数の比は3:1になりました。このとき, 赤いふくろに入っている10円玉と100円玉の合計金額を答えなさい。

（　　　　　）

2 ゆきえさんのお兄さんが, 先月と今月にアルバイトで得た収入の比は2:3で, 使った金額の比は3:5でしたが, どちらの月も1万円ずつ手元に残りました。ゆきえさんのお兄さんがこの2か月にアルバイトで得た収入の合計はいくらでしょうか。(10点)

（　　　　　）

3 ともやさんは持っていたお金の $\frac{1}{3}$ で本を買いました。残ったお金のうち500円をおいにお年玉としてあげたところ，ともやさんの持っているお金はおいのちょうど2倍になりました。お年玉をあげる前は，ともやさんとおいの持っている金額の比は7:2でした。ともやさんが買った本の値段を求めなさい。(15点)

(   )

4 あゆみさんとお姉さんは，お母さんからおこづかいをもらいました。お姉さんが1200円のアクセサリーを買うとあゆみさんとお姉さんの所持金の比は7:6になるはずでしたが，売り切れていたのでお姉さんは何も買わず，あゆみさんは550円の本を買ったところあゆみさんとお姉さんの所持金の比は5:8になりました。あゆみさんがもらったおこづかいはいくらでしょうか。(15点)

(   )

5 グループAの男女の人数比は5:3です。このグループAに新たに男子を50人，女子を ［ あ ］ 人加えてグループBをつくると，グループBの男子と女子の人数比は10:7になります。また，もとのグループAに男子を ［ あ ］ 人，女子を50人加えてグループCをつくると，グループCの男子の人数は，女子の人数より85人多くなります。［ あ ］ にあてはまる数を求めなさい。ただし，［ あ ］ にはすべて同じ数が入ります。(15点)　　　　　　　　　　〔市川中〕

(   )

6 2本の同じ水とうA，Bにお茶が入っています。2本の重さをはかったところ，AとBの重さの比は3:2でした。AからBへお茶を225g移して，もう一度重さをはかると，重さの比は3:5になり，それぞれの水とうに入っているお茶の重さの比は1:3になりました。空の水とう1本の重さは何gですか。
(15点)

(   )

22 仕事算，ニュートン算

標準クラス

1 2台の印刷機A，Bがあります。この2台を同時に使って印刷を始めると，5分後には合計 600 枚印刷することができ，また，Aでの印刷枚数はBでの印刷枚数より 100 枚多かったです。〔清風中一改〕

(1) Aだけで印刷すると1分間に何枚印刷できますか。また，Bだけで印刷すると1分間に何枚印刷できますか。

A（　　　）B（　　　）

(2) 2台同時に使い始めたとき，印刷された紙が同時に出てくるのは何秒ごとですか。

（　　　　　　）

(3) あるプリントを 3000 枚印刷するのに，はじめはAだけを使っていましたが，時間を短縮するために，Aを使い始めてちょうど 10 分後にBでも印刷を始めました。印刷が完りょうするのは，Aを使い始めてから何分何秒後ですか。

（　　　　　　）

2 大人6人で 20 日かかる仕事があります。同じ仕事を子ども 15 人でやると，同じ 20 日かかります。大人6人と子ども 10 人の 16 人でやると，何日かかりますか。〔同志社中〕

（　　　　　　）

3 ある仕事をするのに，AさんとBさんの2人で仕事をすると5時間かかります。同じ仕事を，Aさんが1人で始めてから8時間後にBさんが加わると，Aさんが仕事を始めてから終わるまで 10 時間かかります。AさんとBさんが1時間にできる仕事の量の比を，最も簡単な整数の比で答えなさい。〔市川中〕

（　　　　　　）

4 ある遊園地の開園時刻は 9 時です。9 時前から行列ができていて，開園後は一定の割合で来園者があります。開園後，窓口 1 つで対応しようとしましたが，行列が減らなかったので，9 時 15 分からは，窓口 2 つで対応することにしました。さらに，9 時 35 分から窓口 3 つにしたところ，9 時 45 分に行列はなくなりました。行列の人数は，9 時 15 分には 300 人で，9 時 35 分には 180 人でした。窓口で 1 人にかかる時間は一定とします。 〔淳心学院中〕

(1) 1 つの窓口で 1 分間に対応できる人数は何人ですか。

(　　　　　　)

(2) 9 時の行列の人数は何人ですか。

(　　　　　　)

(3) 開園後 45 分間で遊園地に入場した人数は何人ですか。

(　　　　　　)

(4) 9 時 5 分に行列に並んだ人は，並んでから何分後に遊園地に入場することができますか。

(　　　　　　)

5 底に穴のあいている水のまったく入っていない水そうがあります。この水そうに，毎分 12 L の割合で水を入れると，10 分間で水そうがいっぱいになります。また，毎分 8 L の割合で水を入れると 18 分間で水そうがいっぱいになります。穴からは毎分何 L の水がもれていますか。 〔明治大付属中野中〕

(　　　　　　)

22 仕事算，ニュートン算 →  ハイクラス

1 講堂にあるいすを全部並(なら)べるのに，大人6人なら1時間，子ども16人なら30分かかります。大人2人と子ども4人で，講堂にいすを並べ始めました。いすをちょうど半分だけ並べたときに，大人を3人増やして残りの半分のいすを並べました。(20点 /1つ10点)　　　　　　　　　　　　　　　　〔大阪教育大附属天王寺中〕

(1) いすをちょうど半分だけ並べるのに何分かかりましたか。

　　　　　　　　　　　　　　　　　　　　　　（　　　　　　　）

(2) 残りの半分のいすを並べるのに何分何秒かかりましたか。

　　　　　　　　　　　　　　　　　　　　　　（　　　　　　　）

2 ある仕事を，Aさんが1人ですると45日かかり，Bさんが1人ですると36日かかります。　　　　　　　　　　　　　　　　　　　　　〔フェリス女学院中〕

(1) この仕事をAさんとBさんの2人ですると何日かかりますか。(10点)

　　　　　　　　　　　　　　　　　　　　　　（　　　　　　　）

(2) この仕事を，Aさん，Bさん，Cさんの3人でとちゅうまでやり，残りをCさん1人でする予定を立てました。実際は，3人で仕事をする日数を予定より2日多くしたので，仕事が全部終わるまでにかかった日数は予定より3日少なくてすみました。

　① この仕事をCさんが1人でするとしたら，何日かかりますか。(15点)

　　　　　　　　　　　　　　　　　　　　　　（　　　　　　　）

　② 予定では3人で働く日数は4日としていました。実際に仕事が終わるまでにかかった日数を求めなさい。(10点)

　　　　　　　　　　　　　　　　　　　　　　（　　　　　　　）

3 西山動物園では，開門前に長い行列ができていて，さらに，一定の割合で入園希望者が行列に加わっていきます。開門と同時に，券売機を 5 台使うと 20 分で行列がなくなり，開門と同時に，券売機を 6 台使うと 15 分で行列がなくなります。また，開門のときの行列の人数が 50 人少なかったとすると，開門と同時に，券売機を 7 台使えば 10 分で行列がなくなります。開門のとき，行列の人数は何人でしたか。(15点)　　　　　　　　　　　　〔開成中―改〕

(　　　　　　　)

4 ある倉庫内にはボールを箱につめる機械 A が 5 台，機械 B が 4 台あり，まだ箱づめされていないボールがいくつか置かれています。機械を動かし始めると同時に倉庫には一定の割合でボールが運びこまれます。A を 5 台だけ使うと 3 時間で，B を 4 台だけ使うと 1 時間で倉庫内のボールはすべて箱づめされます。A 1 台は毎分 12 個のボールを，B 1 台は毎分 18 個のボールを箱づめできるものとします。(30点 /1つ10点)　　　　　　　　〔明治大付属明治中〕

(1) 1 分間に倉庫に運びこまれるボールは何個ですか。

(　　　　　　　)

(2) A を 2 台，B を 3 台同時に使うとき，ボールがすべて箱づめされるのは，機械が動き始めてから何分後ですか。

(　　　　　　　)

(3) A を 2 台，B を 1 台同時に使うと，機械が動き始めてから 2 時間後に倉庫内に箱づめされていないボールは何個残りますか。

(　　　　　　　)

答え ▶ 別冊46ページ

23 割合や比についての文章題

1 現在，父の年れいは子の年れいの5倍ですが，8年後には父の年れいは子の年れいの3倍になります。現在の父と子の年れいを求めなさい。 〔大阪女学院中〕

父 (   ) 子 (   )

2 あるクラスの算数のテストで，男子の合計点と女子の合計点は同じでした。男子の平均点は72点，女子の平均点は88点でした。 〔大阪教育大附属池田中〕

(1) 男子と女子の人数の比を簡単にして表しなさい。

(   )

(2) このクラスの平均点を求めなさい。

(   )

3 水そうに水が入っています。はじめに，この水を1Lすくって，空の赤いバケツに入れます。ア水そうに残った水のイ5分の1の量をすくって，その赤いバケツに加えました。続いて，水そうの残りの水から3Lすくって，空の青いバケツに入れます。ウ水そうに残った水のエ5分の1の量をすくって，その青いバケツに加えました。このとき，赤と青のバケツの中の水の量は等しくなりました。 〔和歌山信愛中〕

(1) イとエが示す水の量の差は何Lですか。

(   )

(2) アとウの差は何Lですか。

(   )

(3) 最初，水そうに水は何L入っていましたか。

(   )

4 学さんは，年末に持っていたお金の4割を使って本を買いました。そして，その残金とお年玉にもらった1万円との合計の4割でゲームソフトを買いました。さらに残りの2割5分より80円高い模型を買ったので，今，5500円残っています。年末に持っていたお金はいくらですか。

〔関西学院中〕

(　　　　　　　)

5 いくつかの問題を解くとき，正しく答えた問題の数をすべての問題数でわった値を「正解率(%)」ということにします。例えば，問題を10問解いたとき，4問正しく答え，6問が不正解であった場合の正解率は40%です。小泉さんの現在の正解率は70%です。この後，6問を解き，すべて不正解になってしまった場合，彼の正解率は62.5%になります。小泉さんが現在までに解いた問題数は全部で何問か求めなさい。

〔南山中男子部〕

(　　　　　　　)

6 はじめ，容器A，Bにのう度 ア %の砂糖水が イ gずつ入っていました。まず，容器Aに砂糖を40g加え，よくかき混ぜるとすべてとけました。次に，容器Bに水を40g加え，よくかき混ぜました。このとき，容器Aと容器Bの砂糖水ののう度の差は4%でした。さらに，容器Aと容器Bの砂糖水を全部あわせて，よくかき混ぜると，のう度26%の砂糖水になりました。□にあてはまる数を求めなさい。

〔洛南高附中〕

ア(　　　　) イ(　　　　)

23 割合や比についての文章題 ➡ ハイクラス

1　丸い形と三角形の2種類のカードがあり，すべてのカードに赤か青のどちらかの色がぬられています。丸い形と三角形のカードの枚数の比が4：7で，赤と青のカードの枚数の比が5：3です。また，丸いカードの中で赤いカードと青いカードは同じ枚数あります。三角形の赤いカードの枚数が50枚以上80枚以下であるとき，三角形で青がぬられているカードは全部で何枚ありますか。

(10点)〔西大和学園中〕

（　　　　　　　）

2　はじめに，AさんとBさんは2人合わせて8000円のおこづかいをもらいました。その後，Aさん，Bさんはそれぞれの自分のおこづかいの $\frac{3}{5}$，$\frac{5}{6}$ にあたる金額を使いました。最後に残ったお金を比べると，Aさんの方がBさんよりも1500円多くなりました。はじめにAさんはおこづかいをいくらもらいましたか。(10点)　　　　　　　　　　　　　　〔市川中〕

（　　　　　　　）

3　円柱の形をした3つの空の容器A，B，Cがあり，底面積の比は3：4：5です。

(30点/1つ10点)〔同志社香里中〕

(1) Cに深さ8cmまで，Bにはある深さまで水を入れましたが，Aは空のままです。この3つの容器にそれぞれ等しい量の水を注ぎ入れると，3つとも深さが等しくなりました。水の深さは何cmになりましたか。

（　　　　　　　）

(2) (1)で最初にBに入れた水の深さは何cmでしたか。

（　　　　　　　）

(3) A，B，Cの容器を再び空にして，Aにはある深さまで水を入れましたが，B，Cは空のままです。AからAの水の量の $\frac{1}{4}$ をBに移し，CにもBと深さが同じになる量をAから移しました。Bに入った水の量の $\frac{1}{2}$ とCに入った水の量の $\frac{1}{5}$ をAにもどしたところ，Aの水の量は600cm³になりました。はじめにAに入れた水の量は何cm³でしたか。

（　　　　　　　）

4 黄，青，白の絵の具を混ぜて，緑，黄緑，水色の絵の具をつくります。緑の絵の具は，黄と青を１：１の割合で，黄緑の絵の具は，黄と青を５：２の割合で，水色の絵の具は，青と白を１：３の割合で混ぜます。黄，青，白の絵の具が 45ｇずつあり，それらをすべて使って，緑，黄緑，水色の絵の具をつくると，それぞれ何ｇずつできますか。(10点)

〔学習院女子中〕

緑 (　　　　) 黄緑 (　　　　) 水色 (　　　　)

5 A君，B君，C君の３人の持っているお金の比は ア ： イ ： ウ でした。はじめに，A君は持っているお金の $\frac{1}{5}$ をB君にわたしました。次に，B君は持っているお金の $\frac{1}{3}$ をC君にわたしたところ，A君，B君，C君の３人の持っているお金の比は イ ： ウ ： ア になりました。ア，イ，ウ にあてはまる最も小さい整数を答えなさい。(10点)

〔西大和学園中〕

ア (　　　　) イ (　　　　) ウ (　　　　)

6 ２種類の食塩水ＰとＱがあり，食塩水Ｐののう度は食塩水Ｑののう度よりも８％高くなっています。(30点 / 1つ10点)

〔東大寺学園中〕

(1) 400ｇの食塩水Ｐと 600ｇの食塩水Ｑを１つの空の容器に入れてよくかき混ぜると，できあがった食塩水ののう度は，食塩水Ｑののう度よりも何％高くなっていますか。

(　　　　　　　　)

(2) 空の容器Ａに 400ｇの食塩水Ｐを入れ，空の容器Ｂに 600ｇの食塩水Ｑを入れました。それぞれの容器から 120ｇずつの食塩水を取り出して，容器Ａから取り出した食塩水を容器Ｂに入れ，容器Ｂから取り出した食塩水を容器Ａに入れよくかき混ぜました。このとき，容器Ａに入っている食塩水と容器Ｂに入っている食塩水ののう度の差は何％ですか。

(　　　　　　　　)

(3) 空の容器Ａに 400ｇの食塩水Ｐを入れ，空の容器Ｂに 600ｇの食塩水Ｑを入れました。それぞれの容器から等しい重さの食塩水を取り出して，容器Ａから取り出した食塩水を容器Ｂに入れ，容器Ｂから取り出した食塩水を容器Ａに入れよくかき混ぜました。２つの容器の食塩水ののう度の差が２％になったとすると，それぞれの容器から取り出した食塩水の重さは何ｇずつでしたか。考えられるものをすべて答えなさい。

(　　　　　　　　)

24 速さについての文章題 ①

標準クラス

1 兄が30分で歩く道のりを，妹は45分かかります。その道のりを，妹が出発してから8分後に兄が出発しました。兄が妹に追いつくのは，兄が出発してから何分後ですか。

〔大谷中（大阪）〕

( )

2 池のまわりに1周1800mの自然歩道があります。その道を，よしおさんは左回りに，まさおさんは右回りに走ります。2人がA地点から同時に出発したとき，7分30秒後に出会いました。次に，2人とも速さを毎分20mおそくして，再びA地点から同時に出発したときは，最初に出会った地点から30mはなれた場所で出会いました。よしおさんがまさおさんより速いです。

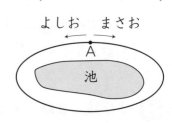

〔同志社中〕

(1) 2人の速さを毎分20mおそくして出発したとき，はじめて出会うのは出発してから何分後ですか。

( )

(2) よしおさんの最初の速さは毎分何mですか。

( )

3 太郎君と次郎君が競走をしました。太郎君は次郎君より0.3秒おくれてスタートしましたが，75mの地点で次郎君を追いこしました。太郎君が100m走ったとき，次郎君はその $1\frac{1}{499}$ m後ろでした。次郎君はそれから $\boxed{ア}$ 秒後に100mの地点に着きました。太郎君は100m走るのに $\boxed{イ}$ 秒かかりました。$\boxed{}$ にあてはまる数を求めなさい。ただし，2人の速さはそれぞれ一定とします。

〔洛南高附中〕

ア( ) イ( )

4 流れの速さが一定の川があります。この川には下流にあるＡ地点と，上流にあるＢ地点があります。Ｓ君は，Ａ地点からＢ地点までボートをこいで行くのに６分かかり，Ｂ地点からＡ地点までボートをこいで行くのに４分かかります。

〔清風南海中〕

(1) Ｓ君が，Ａ地点からＢ地点までボートをこいで行くときの速さと，Ｂ地点からＡ地点までボートをこいで行くときの速さの比をもっとも簡単な整数の比で表しなさい。

(   )

(2) もしも川の水の流れがなければ，Ｓ君がＡ地点からＢ地点までボートをこいで行くのに何分かかりますか。

(   )

5 太朗さんはボートに乗って川を上ります。Ａ地点から出発し１５分進んだところで，流れてきた丸太とすれちがいました。太朗さんはそこからＢ地点まで行き，すぐにＡ地点に向かって引き返しました。太朗さんと丸太は同時にＡ地点に着きました。太朗さんの静水時の速さは時速４km，川の流れの速さは時速２kmです。Ａ地点からＢ地点までのきょりは何ｍですか。

〔比治山女子中〕

(   )

6 ある川の上流と下流に，8.4km はなれた２つの地点があり，船で往復するのに５０分かかります。この船では，この川を30ｍ上る時間と40ｍ下る時間が等しくなります。ある日，この船が川を上るとちゅうでエンジンが止まって流されたので，往復するのに７１分かかりました。

〔金蘭千里中〕

(1) この川の流れの速さは毎分何ｍですか。

(   )

(2) エンジンが止まっていたのは何分間ですか。

(   )

24 速さについての文章題 ① → ハイクラス

1 次のグラフはバスが 6 km はなれた A 町と B 町の間を往復しているようすと, 自転車に乗った太郎君が A 町から B 町へ向かうようすを表したものです。バスは太郎君が A 町を出発してから 4 分後に B 町を

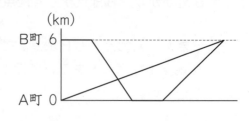

出発し, A 町にとう着後 6 分間停車してから B 町に向かい, 太郎君と同時に B 町にとう着しました。バスと太郎君の移動する速さの比は 3：1 で, 一定の速さで移動します。(16点 / 1つ8点)　　　　　　　　　　　　　　　〔関西大第一中一改〕

(1) 太郎君は A 町を出発してから何分後に B 町に着きますか。

（　　　　　　　）

(2) バスと太郎君が初めてすれちがうのは, 太郎君が A 町を出発してから何分何秒後になりますか。

（　　　　　　　）

2 花子さんは自転車で, 太郎さんと次郎さんは徒歩で, P 地点から Q 地点に向けて同時に出発します。太郎さん, 次郎さんの速さは, それぞれ花子さんの速さの $\frac{1}{2}$ 倍, $\frac{1}{3}$ 倍です。花子さんは Q 地点に着くと, すぐに P 地点に向かって引き返し, 太郎さんと次郎さんは花子さんに出会うと, すぐに P 地点に向かって引き返します。花子さんは, 出発してから 36 分後に次郎さんと出会いました。このとき, 太郎さんと次郎さんは 300 m はなれていました。

(32点 / 1つ8点) 〔洛南高附中〕

(1) 花子さんが P 地点にもどってくるのは, 出発してから何分後ですか。

（　　　　　　　）

(2) 太郎さんが P 地点にもどってくるのは, 出発してから何分後ですか。

（　　　　　　　）

(3) P 地点から Q 地点までの道のりは何 m ですか。

（　　　　　　　）

(4) 太郎さんが次郎さんを追いこすのは, P 地点から何 m はなれた地点ですか。

（　　　　　　　）

3 川の下流にあるP地点と上流にあるQ地点の間
を静水時(水の流れがなく静止している)には同
じ速さの2つの定期船A，Bが往復しています。
AはP地点を，BはQ地点を同時に8時に出発
します。右のグラフはこの定期船A，Bの運行
のようすを表しています。〔東邦大付属東邦中〕

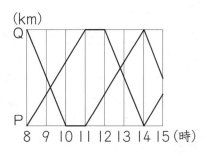

(1) 静水時の定期船の速さは，川の流れの速さの何倍ですか。(8点)

(　　　　　　　　)

(2) AとBが最初に出会ってから次に出会うまで何時間何分かかりますか。(10点)

(　　　　　　　　)

(3) ある日，川が増水して川の流れの速さが時速1km増加し，AとBが最初に出
会ったのがPとQの間のきょりの $\frac{1}{12}$ だけふだんよりPに近い地点になりまし
た。Aが最初にQ地点にとう着したのは何時何分ですか。(10点)

(　　　　　　　　)

4 ある観光地では川上のP地点と川下の
Q地点の15kmの間で観光船が運航さ
れています。P地点から出発する観光
船は出発してから9km進んだA地点

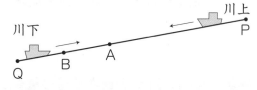

でエンジンを止めてQ地点まで川の流れにまかせて移動します。Q地点から出
発する観光船はA地点でエンジンを止めてB地点まで川の流れにまかせて移動
した後，エンジンをかけて川上のP地点に向かいます。観光船は同時に出発
して同時にA地点にとう着し，その後同時にP地点とQ地点にとう着しました。
静水での速さはどちらの船も時速18kmです。(24点/1つ8点)　　〔帝京大中〕

(1) A地点にとう着するのは出発してから何分後ですか。

(　　　　　　　　)

(2) 川の流れる速さを求めなさい。

(　　　　　　　　)

(3) B地点とP地点の間のきょりを求めなさい。

(　　　　　　　　)

25 速さについての文章題 ②

標準クラス

1 長さと速さが異<ruby>異<rt>こと</rt></ruby>なる電車Aと電車Bがあり，それぞれ一定の速さで進むものとします。 〔市川中〕

(1) 電車Aと電車Bがすれちがうときには，おたがいの電車の先頭がすれちがってから 1.6 秒後に，電車Aの最後尾<ruby>最後尾<rt>さいこうび</rt></ruby>と電車Bの先頭がすれちがいます。また，電車Aと電車Bの先頭がすれちがってから 4 秒後に，おたがいの電車の最後尾がすれちがいます。このとき，電車Aと電車Bの長さの比を，最も簡単<ruby>簡単<rt>かんたん</rt></ruby>な比で表しなさい。

( )

(2) 電車Bが電車Aを追いこすときには，電車Bの先頭が電車Aの最後尾に追いついてから電車Aの先頭に追いつくまで 14.4 秒かかります。このとき，電車Aと電車Bの速さの比を最も簡単な比で表しなさい。

( )

2 時速 108 km の速さで進む電車がトンネルを通過したとき，電車全体がトンネルの中にかくれていた時間は 41 秒でした。また，この電車が鉄橋をわたり始めてからわたり終わるまで 24 秒かかりました。トンネルの長さは鉄橋の長さのちょうど 2 倍です。 〔和歌山信愛中〕

(1) 電車全体がトンネルの中にかくれていた間に電車は何 m 進みますか。

( )

(2) 鉄橋の長さは何 m ですか。

( )

(3) 電車の長さは何 m ですか。

( )

3 長さ180mの列車Aが鉄橋をわたり始めてからわたり終えるまでに50秒かかります。長さ260mの列車Bが，列車Aの半分の速さで鉄橋をわたり始めてからわたり終えるまでに110秒かかります。このとき，列車Aの速さは秒速 ア m，鉄橋の長さは イ m です。 □ にあてはまる数を答えなさい。

ア（　　　）イ（　　　）

4 図のように時計の短針（たんしん）は長針よりも50°進んでいます。ただし，長針は長針の5分刻み（きざ）のある目もりをちょうど指しています。時刻（じこく）は何時何分ですか。

〔開明中〕

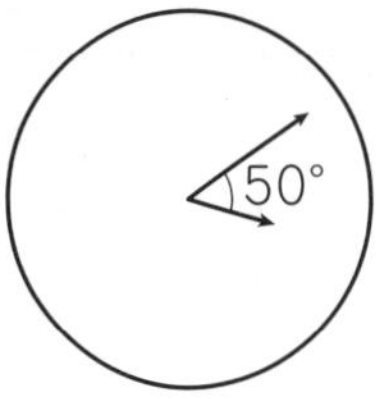

（　　　　　　　　）

5 長針，短針，秒針のついた時計について，次の ア ～ ケ にあてはまる数を求めなさい。

〔海城中〕

(1) 7時から8時の間で，長針と短針の間の角の大きさが60°になる時刻は，1回目が7時 ア 分 イ $\frac{ウ}{11}$ 秒で，2回目が7時 エ 分 オ $\frac{カ}{11}$ 秒です。

ア（　　　）イ（　　　）ウ（　　　）
エ（　　　）オ（　　　）カ（　　　）

(2) 7時から8時の間で，短針と秒針の間の角の大きさが120°になる23回目の時刻は，7時 キ 分 ク $\frac{ケ}{719}$ 秒です。

キ（　　　）ク（　　　）ケ（　　　）

25 速さについての文章題 ②

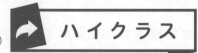

ハイクラス

時間 35分　合格 80点　得点　　　点

1 長さの異なる列車Xと列車Yが，図のように，同時に鉄橋ABをわたり始めました。列車の速さはそれぞれ一定です。

列車Xは，わたり始めて12秒後に先頭が鉄橋の反対側（図のB）を通過し，14秒後にわたり終えました。

列車Yは，わたり始めて20秒後に先頭が鉄橋の反対側（図のA）を通過し，24秒後にわたり終えました。(50点/1つ10点)　　　〔奈良学園中〕

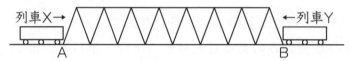

(1) 鉄橋と列車Xの長さの比を，最も簡単な整数の比で答えなさい。

　　　　　　　　　　　　　　　　　　　　（　　　　　）

(2) 列車Xと列車Yの長さの比を，最も簡単な整数の比で答えなさい。

　　　　　　　　　　　　　　　　　　　　（　　　　　）

(3) 列車Xと列車Yの速さの比を，最も簡単な整数の比で答えなさい。

　　　　　　　　　　　　　　　　　　　　（　　　　　）

(4) 列車Xの先頭と列車Yの先頭がすれちがうのは，列車が鉄橋をわたり始めてから何秒後ですか。

　　　　　　　　　　　　　　　　　　　　（　　　　　）

(5) 列車Xの最後尾と列車Yの最後尾がすれちがうのは，列車が鉄橋をわたり始めてから何秒後ですか。

　　　　　　　　　　　　　　　　　　　　（　　　　　）

2 東西にのびる線路があります。あるときAさんが線路の近くに立っていると，西から特急，東から急行が近づいてきて，Aさんのちょうど目の前ですれちがい始めました。すれちがい始めてから10秒後に線路の向こう側が見えました。特急と急行の列車の長さがそれぞれ200m，160mで，速さの比が3：2とわかっているものとします。(20点/1つ10点) 〔甲陽学院中〕

(1) 特急と急行の速さはそれぞれ秒速何mですか。

特急 (　　　　) 急行 (　　　　)

(2) Aさんの真東にいたBさんも同じ特急と急行を見ていました。Bさんの目の前を急行が通過し始めてから，特急が通過し終わるまでの $16\frac{2}{3}$ 秒間はずっと線路の向こう側は見えないままでした。AさんとBさんの間のきょりを求めなさい。

(　　　　)

3 □mの長さの電車A，毎秒18mの速さで走る120mの長さの電車Bがあります。AとBが同じ向きに走っている場合，AがBに追いついてから追いこすまでに45秒かかります。AとBが反対向きに走っている場合，AとBが出会ってからはなれるまでに9秒かかります。□の中にあてはまる数を求めなさい。(10点) 〔香蘭女学校中〕

(　　　　)

4 次の問いに答えなさい。(20点/1つ10点) 〔智辯学園奈良カレッジ中〕

(1) 2時と3時の間の時刻で，時計の長針と短針が重なるのは，2時何分ですか。

(　　　　)

(2) 2時のときの長針と2時 あ 分のときの長針がつくる角を，2時 あ 分のときの短針が2等分します。 あ にあてはまる数を答えなさい。

(　　　　)

チャレンジテスト⑦

1 6400円のお金をAさん, Bさんの2人で分けました。はじめに□□円ずつとり, 残りの金額を3:2の割合（わりあい）でAさんとBさんにそれぞれ分けたところ, Aさん とBさんの所持金の比は9:7になりました。□□にあてはまる数を求めなさ い。(10点)　　　　　　　　　　　　　　　　　　　　　　　　　　　　　　　〔芝中〕

（　　　　　　　　）

2 はじめ, 容器Aにはのう度が15%の食塩水が ア g, 容器Bにはのう度が6% の食塩水が イ g入っていました。これらの食塩水に, 次のように, 〈操作Ⅰ〉, 〈操作Ⅱ〉, 〈操作Ⅲ〉を, この順番で行いました。

〈操作Ⅰ〉　容器Aから容器Bに ウ gの食塩水を移したところ, 容器 Bに入っている食塩水ののう度は10%になりました。ただ し, ア と ウ に入る数の比は5:1です。

〈操作Ⅱ〉　容器Bから容器Aに ウ gの食塩水を移したところ, 容器Aに 入っている食塩水ののう度は エ %になりました。

〈操作Ⅲ〉　容器Aと容器Bから食塩水を オ gずつ同時に取り出し, 容器 Aから取り出した食塩水は容器Bに, 容器Bから取り出した食 塩水は容器Aに移したところ, 容器Aと容器Bに入っている食 塩水ののう度の比は9:8になりました。

ただし, 同じ文字の□□には同じ数が入ります。(30点／1つ10点)　　〔専修大松戸中〕

(1) ア と イ に入る数の比を, 最も簡単（かんたん）な整数の比で答えなさい。

（　　　　　　　　）

(2) エ に入る数を求めなさい。

（　　　　　　　　）

(3) ア と オ に入る数の比を, 最も簡単な整数の比で答えなさい。

（　　　　　　　　）

3 1時間あたりの仕事量がちがう太郎さん，次郎さん，三郎さんの3人が，1日6時間ずつ5日間働いて完成する仕事があります。初日は三郎さんが休んだので，太郎さん，次郎さんの2人で6時間ずつ働き，2日目から4日目は3人で6時間ずつ働きました。最終日には3人で7時間ずつ働くと完成する予定でしたが，最終日に次郎さんが休んだため，太郎さんと三郎さんの2人で10時間30分ずつ働いて完成することができました。 〔立教新座中〕

(1) 三郎さんが1人でこの仕事を終わらせるには何時間かかりますか。(10点)

( )

(2) 1時間あたりの，次郎さんと三郎さんの仕事量の比を最も簡単な整数の比で表しなさい。(10点)

( )

(3) 仕事量に比例して代金がはらわれることになり，次郎さんは48000円もらいました。太郎さんと三郎さんはそれぞれ何円もらいましたか。(20点/1つ10点)

太郎さん ( ) 三郎さん ( )

4 サッカースタジアムの入場券売り場は午後5時に窓口を開けます。窓口の前には，発売前から入場券を買う人の列ができていて，発売後も入場券を買うために人が毎分一定の割合で集まってきます。窓口は毎分一定の割合で入場券を売り続け，1人1枚しか買えないものとします。(20点/1つ10点) 〔西武学園文理中〕

(1) 予選リーグでは窓口5か所で発売すると午後6時ちょうどに行列がなくなり，窓口9か所で発売すると午後5時20分に行列がなくなります。窓口8か所で発売すると行列は午後何時何分になくなりますか。

( )

(2) 決勝リーグは発売開始までに並んでいる人が予選リーグの5倍で，発売後は予選リーグの5倍の割合で入場券を買う人が集まってきます。そこで，窓口を午後5時に16か所開いて発売し始めましたが，とちゅうから窓口を24か所にして発売したところ，午後7時16分に行列はなくなりました。窓口を16か所から24か所に増やした時刻は午後何時何分ですか。

( )

答え ▶ 別冊55ページ

時 間	35分	得 点
合 格	80点	点

1 2.7 km はなれた A，B，2 地点間を関さんは分速 120 m で往復をくり返して
います。同じところを西さんは分速 60 m で歩いていますが，関さんと出会う
たびに，西さんは進行方向を 180 度変えます。いま，2 人同時に A 地点を出
発したとすると，2 人が 3 度目に出会うのは A 地点から何 km の地点ですか。

(10 点)〔関西学院中〕

(　　　　　　　　)

2 下の図は，船着き場からボートに乗って出発し，まず川を上り，向きを変えて
川を下り再び船着き場にもどってきたときの時間ときょりのグラフです。それ
ぞれのグラフで②と③のボートの速さは同じで，①とは速さが異なります。また，
川の速さは変わりません。縦の軸は「船着き場からのきょり」を表し，横の軸
は「船着き場を出発してからの時間」を表しています。(40 点 /1 つ 8 点)〔立教女学院中〕

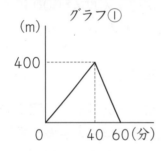
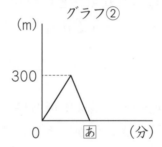
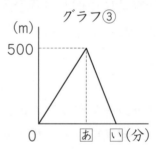

(1) グラフ①で，ボートの速さと川の流れの速さの比を求めなさい。

(　　　　　　　　)

(2) グラフ①のボートの速さのとき，36 分でもどってくるには，船着き場から何 m
川上のところで向きを変えなければなりませんか。

(　　　　　　　　)

(3) グラフ②と③で横の軸の あ までの時間は同じです。グラフ②と③でボート
の分速は毎分何 m ですか。

(　　　　　　　　)

(4) グラフ②と③の あ までの時間は何分ですか。

(　　　　　　　　)

(5) グラフ③の い までの時間は何分何秒ですか。

(　　　　　　　　)

③ はばが 10 m のふみきりがあります。警報機は電車がふみきりにさしかかる 30 秒前に鳴りだし，ふみきりを通過して 10 秒後に鳴りやみます。電車Aは長さ 115 m，時速 75 km で，電車Bは長さ 150 m，時速 54 km とします。

〔青山学院中〕

(1) 電車Aがふみきりを通過するとき，警報機が鳴り始めてから鳴り終わるまでは何秒間ですか。(8点)

(　　　　　　　　)

(2) あるとき，電車Aがふみきりに近づき警報機が鳴り始めました。さらに，反対側から電車Bがふみきりに近づいてきました。このとき，電車Aと電車Bは 1405 m はなれていました。警報機が鳴り始めてから鳴り終わるまでは何秒間でしたか。(10点)

(　　　　　　　　)

④ 学校と公園の間を往復する長きょり走に太郎さんと次郎さんが参加し，学校を同時にスタートしました。次郎さんは公園の手前 99 m のところで，公園を折り返してきた太郎さんに出会いました。また，太郎さんがゴールしたとき，次郎さんは学校の手前 378 m のところを学校に向かって走っており，その 126 秒後に次郎さんはゴールしました。2 人はそれぞれ一定の速さで走ったものとします。(32点 /1つ8点)

〔愛光中〕

(1) 次郎さんは，太郎さんが公園に着いてから何秒後に公園に着きましたか。

(　　　　　　　　)

(2) 太郎さんは毎秒何 m で走りましたか。

(　　　　　　　　)

(3) 学校から公園までのきょりは何 m ですか。

(　　　　　　　　)

(4) 次郎さんが太郎さんより 18 秒早くゴールするように公園から走る速さを変えると，学校から何 m のところで次郎さんは太郎さんに追いつくことになりますか。

(　　　　　　　　)

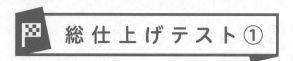

総仕上げテスト①

1 のう度 6 ％の食塩水 300 g とのう度 x ％の食塩水 150 g と水 30 g とを混ぜ合わせるとのう度 7.5 ％の食塩水ができます。x にあてはまる数を求めなさい。

(9点)〔高槻中－改〕

( )

2 歯数 64 枚の歯車Aと，歯数 8 枚の歯車Bと，歯数 16 枚の歯車Cが，左から歯車A，歯車B，歯車Cの順にかみ合って回転します。歯車Aが 8 回転するとき，歯車Cは何回転しますか。(9点)

〔大阪教育大附属平野中〕

( )

3 右の図のように，半径が 6 cm，中心角が 90°のおうぎ形OABと正方形OPQRがあります。OBとQRが交わってできる角が 110°であるとき，色のついた部分の面積は何 cm² ですか。ただし，円周率は 3.14 とします。

(9点)〔大阪桐蔭中〕

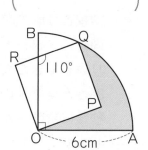

( )

4 立方体ABCDEFGHがあります。8 つの頂点の中から 3 つの頂点を選んでそれらを結ぶと，三角形ができます。例えば，3頂点A，D，Fを選ぶと，図のような三角形ができます。(18点 / 1つ9点)

〔白陵中〕

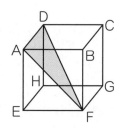

(1) 全部でいくつ三角形ができますか。

( )

(2) その中で正三角形となるのはいくつありますか。

( )

5 直角三角形ＡＢＣを下の図のように２回折りました。(18点／1つ9点)〔青山学院中－改〕

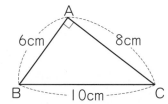
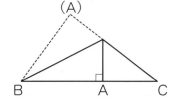
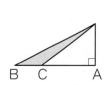

(1) 色のついた部分の面積は何 cm^2 ですか。

（　　　　　　　）

(2) ＢＣを軸として，色のついた部分を１回転させてできる立体の体積は何 cm^3 ですか。ただし，円すいの体積は，(底面積)×(高さ)×$\frac{1}{3}$ で求めます。また，円周率は 3.14 とします。

（　　　　　　　）

6 18 km はなれたＡ地点とＢ地点があり，兄と弟はそれぞれ自転車でＡ地点を出発し，Ｂ地点ですぐに折り返し，またＡ地点にもどってくるものとします。兄は弟より 20 分おくれてＡ地点を出発し，弟がＢ地点に着く前にＢ地点から 6 km のところで弟に追いつきました。また，兄がＡ地点にもどってきたときには，弟はＡ地点から 8 km のところにいました。〔明星中〕

(1) 兄が弟に追いついてから兄がＡ地点にもどるまでに，弟は自転車で何 km 走りましたか。(9点)

（　　　　　　　）

(2) 兄と弟の速さの比を簡単な整数の比で表しなさい。(9点)

（　　　　　　　）

(3) 弟の速さは毎分何 m ですか。(9点)

（　　　　　　　）

(4) Ｂ地点に向かう弟とＢ地点で折り返した兄が出会うのは，弟がＡ地点を出発してから何分後ですか。(10点)

（　　　　　　　）

総仕上げテスト②

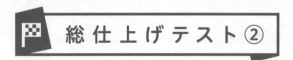

1 静水時の速さが一定である船が，流れの速さが一定である川の上流にあるA町と下流にあるB町を往復します。A町からB町に行くのにかかる時間は，B町からA町に行くのにかかる時間の半分です。川の流れの速さが2倍になったとき，A町からB町に行くのにかかる時間は，B町からA町に行くのにかかる時間の何倍になりますか。(10点)　　　　〔市川中〕

(　　　　　　　)

2 直径が10cmで，深さが20cmの円柱形の容器があります。この容器に，底面の正方形の対角線が10cmで高さが10cmの直方体を入れてから水を入れていっぱいにします。このあと，直方体をそっと取り出しました。円柱形の容器の水の深さは何cmになりますか。円周率は3.14として，小数第二位を四捨五入して答えなさい。

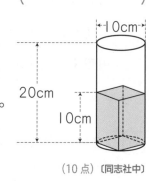

(10点)〔同志社中〕

(　　　　　　　)

3 図のように，1辺が12cmの立方体を6個使って1つの立体をつくりました。(30点/1つ10点)　　　〔中央大附中〕

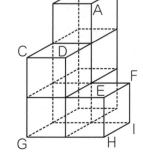

(1) 3点E，G，Iを通る平面で2つの立体に分けるとき，その2つの立体の体積の差は何cm³ですか。ただし，角すいの体積は，(底面積)×(高さ)×$\frac{1}{3}$で求めます。

(　　　　　　　)

(2) 3点A，B，Gを通る平面と辺CDの交点をPとするとき，CPの長さは何cmですか。

(　　　　　　　)

(3) 3点B，H，Pを通る平面と辺FIの交点をQとするとき，FQの長さは何cmですか。

(　　　　　　　)

4 赤玉，白玉，青玉がじゅうぶんたくさんあります。左から順に一列に玉を並べていきます。赤玉の次は白玉，白玉の次は青玉を並べます。青玉の次はどの玉でもかまいません。(20点／1つ10点) 〔関西大第一中〕

(1) 玉を4個並べる並べ方は何通りありますか。

(　　　　　　)

(2) 玉を9個並べるとき，両はしが赤玉になる並べ方は何通りありますか。

(　　　　　　)

5 ある会社では，毎日一定の量の仕事が入ってきます。いくらか仕事がたまった状態から10人で仕事を行うと，ちょうど24日で次の日に残す仕事がなくなります。16人で仕事を行うと，ちょうど12日で次の日に残す仕事がなくなります。それでは，28人で仕事を行うと，何日で次の日に残す仕事がなくなりますか。(10点) 〔筑波大附中〕

(　　　　　　)

6 1辺の長さが12cmの正方形ABCDの内側に，1辺の長さが6cmの正三角形PQRが右の図のように置いてあります。正三角形PQRがこの位置から正方形ABCDの内側の周に沿ってすべることなく転がって，正三角形の頂点のいずれかが点Aに重なるまで内側を1周します。このとき，点Pの動いてできる曲線の長さは何cmですか。ただし，円周率は3.14とします。

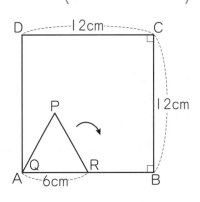

(10点) 〔渋谷教育学園渋谷中〕

(　　　　　　)

7 Aさんには，3人の子どもがいます。3人の子どもの年れいは2才ずつはなれています。現在，Aさんの年れいと，3人の子どもの年れいの和の比は7：6ですが，18年後には2：3になります。一番年下の子どもの年れいは，現在何才ですか。(10点) 〔奈良学園中〕

(　　　　　　)

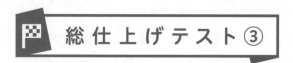

時 間	45分	得 点
合 格	80点	点

1　ある仕事を姉1人だけですると2時間15分かかり，姉妹2人ですると1時間30分かかります。次の□にあてはまる数を入れなさい。　〔慶應義塾中〕

(1) この仕事を妹1人ですると，ア 時間 イ 分かかります。(6点)

ア (　　　) イ (　　　)

(2) この仕事の $\frac{1}{9}$ を姉1人でしたところで，妹が加わりましたが，とちゅうで姉が休けいしたため，姉が最初に仕事を始めてからすべてを終わるのに，全部で1時間59分かかりました。妹1人だけで仕事をしていたのは□分間です。

(7点)

(　　　　　　　)

2　右の図のような，角Bが90°，辺ABが6cm，辺BCが8cm，辺CAが10cmの三角形ABCがあります。点Pは，Bを出発して毎秒5cmの速さで，B→A→C→B→A→…の順に三角形の周上を動き，点Qは，Cを出発して毎秒3cmの速さで，C→A→B→C→A→…の順に三角形の周上を動きます。2点P，QがBとCを同時に出発したとします。(21点 / 1つ7点)　〔青雲中〕

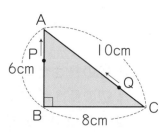

(1) 2点P，Qがはじめて出会うのは，出発してから何秒後ですか。

(　　　　　　　)

(2) 2点P，Qがはじめて出会う点をDとするとき，三角形BCDの面積を求めなさい。

(　　　　　　　)

(3) 2点P，Qがはじめて出会う点をD，2回目に出会う点をE，3回目に出会う点をFとするとき，三角形DEFの面積を求めなさい。

(　　　　　　　)

3 45 km はなれた A 駅と B 駅の間を，急行電車とふつう電車が走っています。急行電車は 8 時から 20 分おきに A 駅を出発し，時速 60 km で B 駅に向かいます。ふつう電車は 8 時に B 駅を出発し，8 時 30 分に最初の急行電車とすれちがい，A 駅から

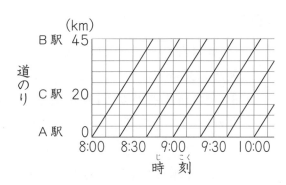

20 km はなれた C 駅で 5 分間停車し，A 駅に向かいます。上のグラフは急行電車の運行のようすを表したものです。それぞれの電車の走る速さは一定であるとします。(18点/1つ6点) 〔桜美林中〕

(1) ふつう電車の速さは時速何 km ですか。

(　　　　　　　)

(2) ふつう電車が C 駅を出発してからはじめてすれちがう急行電車は，A 駅を何時何分に出発した電車ですか。

(　　　　　　　)

(3) ふつう電車が A 駅にとう着するまでに，急行電車と最後にすれちがったのは A 駅から何 km の地点ですか。

(　　　　　　　)

4 右の図の三角形 A B C，三角形 B C D の面積をそれぞれ求めなさい。

(14点/1つ7点) 〔洛星中〕

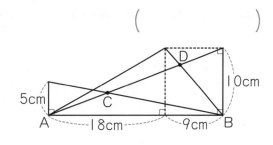

三角形 A B C (　　　　　) 　三角形 B C D (　　　　　)

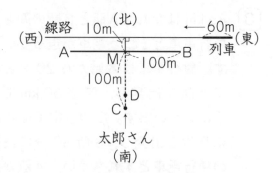

5 右の図のように，まっすぐな線路から10 mはなれたところに，線路に平行に長さ200 mのかべABがあります。いま，60 mの長さの列車が東から西に向かって一定の速さで走っています。また，太郎さんはかべABの真ん中の点Mに向かって，南から北へ時速12 kmで走っています。太郎さんがかべから100 mの地点Cまできたときに，それまでかべの東側に見えていた列車がかべによって完全に見えなくなりました。その6秒後に太郎さんがD地点まできたとき，かべの西側から列車の先頭が見え始めました。列車の速さは時速何kmですか。ただし，かべの厚さや列車のはばは考えないものとします。(6点)　〔東大寺学園中一改〕

(　　　　　　　　)

6 右の(図1)のように，BCのちょうど真ん中に仕切りのある水そうに，細い管と太い管を使って水を入れます。この水そうをいっぱいにするのに，細い管だけだと1時間45分，太い管だけだと42分かかります。(図2)は，2つの管を同時に開いて水を入れたときのABの側での水面の高さと時間の関係をグラフに示したものです。(28点/1つ7点)　〔神戸女学院中〕

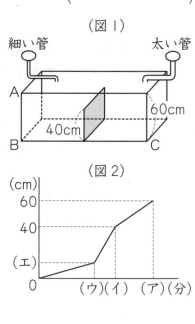

(1) グラフの(ア)の値を求めなさい。

(　　　　　　　　)

(2) グラフの(イ)の値を求めなさい。

(　　　　　　　　)

(3) グラフの(ウ)の値を求めなさい。

(　　　　　　　　)

(4) グラフの(エ)の値を求めなさい。

(　　　　　　　　)

小6

ハイクラステスト

文章題・図形

答え

答え

1 分数のかけ算とわり算

標準クラス　p.2〜3

1 (1)時速 $\frac{56}{15}$ km　(2) $\frac{40}{21}$ kg　(3) $\frac{15}{56}$ kg

2 $\frac{8}{9}$ m

3 (1)78 $\frac{1}{3}$ kg $\left(\frac{235}{3}$ kg$\right)$　(2) 1 $\frac{1}{3}$ 倍 $\left(\frac{4}{3}$ 倍$\right)$

4 11.25%

5 (1) $\frac{8}{105}$　(2) $\frac{4}{441}$ 倍

6 9.408 m

7 20000 円

8 b, d, c, a

📖 解き方

1 (1)時速は， $\frac{8}{3} \div \frac{5}{7} = \frac{56}{15}$ (km/時)

(2) $\frac{5}{7} \times \frac{8}{3} = \frac{40}{21}$ (kg)

(3) $\frac{5}{7} \div \frac{8}{3} = \frac{15}{56}$ (kg)

2 $\frac{7}{9} \times 2 \div \frac{7}{4} = \frac{8}{9}$ (m)

3 (1)35 $\frac{1}{4} \times 2 \frac{2}{9} = \frac{235}{3} = 78 \frac{1}{3}$ (kg)

(2)2 $\frac{2}{9} \div 1 \frac{2}{3} = \frac{4}{3} = 1 \frac{1}{3}$ (倍)

4 $0.4 \times \frac{3}{4} \times 0.375 \times 100 = 11.25$ (%)

5 (1)ある数は， $8.4 \times \frac{2}{3} \div 7 = \frac{4}{5}$

よって，正しい答えは， $\frac{4}{5} \times \frac{2}{3} \div 7 = \frac{8}{105}$

(2) $\frac{8}{105} \div 8.4 = \frac{4}{441}$ (倍)

6 $4.2 \div \left(1 - \frac{3}{8}\right) \div \left(1 - \frac{2}{7}\right) = \frac{1176}{125} = 9.408$ (m)

7 $3000 \div \left(1 - \frac{1}{4} - 0.6\right) = 20000$ (円)

8 すべてかけ算に直すと，

$a \times \frac{4}{3} = b \times 4 = c \times \frac{3}{2} = d \times \frac{5}{3}$

積が等しいとき，かける数が小さいほど，もとの

数が大きいことから， b, d, c, a

ハイクラス　p.4〜5

1 31 $\frac{1}{2}$ km

2 55 ページ

3 ㋐Aさんがもらった金額の，全体に対する割合
　㋑Cさんがもらった金額の，全体に対する割合
　㋒最も多かった人（Cさん）と最も少なかった
　　人（Bさん）の割合の差
　㋓3人がもらった合計金額

4 556 人

5 (1)5 人　(2)40 人

6 12 時間 45 分

7 (1)135 個　(2)75 個

📖 解き方

1 $3 \div \frac{2}{7} \div \left(1 - \frac{2}{3}\right) = 31 \frac{1}{2}$ (km)

2 1 日目に読んだ量を 1 とすると，

2 日目は， $\frac{4}{5}$

3 日目は， $\frac{4}{5} \times \frac{3}{4} = \frac{3}{5}$

1 日目に読んだページ数は，

$132 \div \left(1 + \frac{4}{5} + \frac{3}{5}\right) = 55$ (ページ)

3 **ポイント** 複雑な問題では，とちゅうに多くの計算式が必要になります。計算中に答えを求める方針を見失わないように，計算式が何を表しているのかメモをすることが大切です。

4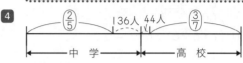

中学と高校の合計人数は，

$(136 + 44) \div \left(1 - \frac{2}{5} - \frac{3}{7}\right) = 1050$ (人)

よって， $1050 \times \frac{2}{5} + 136 = 556$ (人)

5 (1)3 つ目のバス停で 2 人が乗る前の人数は，

22 − 2 = 20 (人)

乗客の $\frac{1}{5}$ が降りる前の人数は，

$$20 \div \left(1 - \frac{1}{5}\right) = 25(人)$$

よって，$25 \times \frac{1}{5} = 5(人)$

(2)(1)と同様に，2つ目のバス停で乗客の $\frac{1}{3}$ が降りる前の人数は，

$$(25 - 3) \div \left(1 - \frac{1}{3}\right) = 33(人)$$

求める人数は，1つ目のバス停で乗客の $\frac{1}{4}$ が降りる前の人数なので，

$$(33 - 3) \div \left(1 - \frac{1}{4}\right) = 40(人)$$

6 夜の長さを1とすると，昼の長さは，

$$1 + \frac{2}{15} = \frac{17}{15} \text{ より,}$$

$$24 \div \left(1 + \frac{17}{15}\right) \times \frac{17}{15} = 12\frac{3}{4}(時間)$$

$\frac{3}{4}$ 時間 = 45分 より，昼の長さは，12時間45分

7 (1)移した後も合計の個数は変わらないので，3つの箱は，$270 \div 3 = 90(個)$ ずつになります。
よって，はじめにAに入っていた個数は，

$$90 \div \left(1 - \frac{1}{3}\right) = 135(個)$$

(2)AからBへ移した個数は，$135 \times \frac{1}{3} = 45(個)$
Cへ移す前のBの個数は，

$$90 \div \left(1 - \frac{1}{4}\right) = 120(個)$$

よって，$120 - 45 = 75(個)$

2 文字と式

標準クラス　　　　　　　　　　p.6〜7

1 (1)$(80 + x) \div 2 = y$
　(2)$\frac{6}{200} \times x = y$

2 (1)$(x \times 6 + 6) \div 6 - 6 = 6$
　(2)11

3 1000円

4 (1)$x \times \{(1 + 0.25) \times (1 - 0.1) - 1\} = 40$
　　$x \times 1.25 \times 0.9 - x = 40$ でも可
　(2)320円

5 166

6 (1)47.5%　(2)52.5%

7 30分

---

8 秒速40 m，長さ360 m

9 (1)140 g　(2)350 g

 解き方

1 (1)得点の合計 ÷ 回数 = 平均点
　(2)合金1 g中にふくまれる金は，
　　$6 \div 200 = \frac{6}{200}(g)$

2 (2)$(x \times 6 + 6) \div 6 - 6 = 6$
　　　$(x \times 6 + 6) \div 6 = 6 + 6$
　　　$(x \times 6 + 6) \div 6 = 12$
　　　　$x \times 6 + 6 = 12 \times 6$
　　　　$x \times 6 + 6 = 72$
　　　　　$x \times 6 = 66$
　　　　　　　$x = 11$

3 $x \times \left(1 - \frac{2}{5}\right) \times \left(1 - \frac{3}{4}\right) = 150$
　　$x \times \frac{3}{5} \times \frac{1}{4} = 150$
　　　　　　$x = 150 \div \frac{1}{4} \div \frac{3}{5}$
　　　　　　　$= 150 \times 4 \times \frac{5}{3}$
　　　　　　　$= 1000$

4 (2)$x \times \{(1 + 0.25) \times (1 - 0.1) - 1\} = 40$
　　　　　　$x \times \frac{1}{8} = 40$
　　　　　　　$x = 40 \div \frac{1}{8}$
　　　　　　　$x = 320$

5 最も小さい ㋒ を x とすると，
　㋑ = $x + 5$，㋐ = $x + 5 + 20 = x + 25$ より，
　$x + 25 + x + 5 + x = 453$
　　$x + x + x = 453 - 5 - 25$
　　　$x \times 3 = 423$
　　　　$x = 423 \div 3$
　　　　$x = 141$
　よって，㋐は，$141 + 25 = 166$

ポイント 式をつくる前に，何を x とするかを必ず書いておきます。求める答えを x とするとは限らないので，x の計算結果をそのまま答えに書かないように気をつけましょう。

6 (1)$1\% = \frac{1}{100}$ より，$x\% = \frac{1}{100} \times x$
　妹の持っている金額は，
　$60000 \times \frac{1}{100} \times x = 600 \times x(円)$
　姉は妹より3000円多く持っているので，

$600 \times x + 3000$ (円)

2人の合計は60000円なので，

$600 \times x + 600 \times x + 3000 = 60000$

$600 \times x + 600 \times x = 57000$

$(600 + 600) \times x = 57000$

$1200 \times x = 57000$

$x = 47.5$

(2)姉と妹が(1)と逆になるだけなので，

$100 - 47.5 = 52.5$ (%)

 分配法則

$\triangle \times \bigcirc + \square \times \bigcirc = (\triangle + \square) \times \bigcirc$

数字だけでなく文字を使った式でも，この法則が成り立ちます。

$600 \times x + 600 \times x = 57000$

$\underline{(600 + 600)} \times x = 57000$

7 予定より5分早く着いたので全部で40分かかったことになり，分速60mで歩いたのは，$(40-x)$分間となります。

$80 \times x + 60 \times (40 - x) = 3000$

$80 \times x + 2400 - 60 \times x = 3000$

$80 \times x - 60 \times x = 3000 - 2400$

$(80 - 60) \times x = 600$

$20 \times x = 600$

$x = 30$

8 列車の長さを x m とします。

速さ＝きょり÷時間であり，トンネルを通過するときも鉄橋をわたるときも同じ速さなので，

$(x + 840) \div 30 = (x + 1680) \div 51$

式の両側に51と30の最小公倍数510をかけて，

$(x + 840) \div 30 \times 510$

$\qquad = (x + 1680) \div 51 \times 510$

$(x + 840) \times 17 = (x + 1680) \times 10$

$x \times 17 + 14280 = x \times 10 + 16800$

$x \times (17 - 10) = 16800 - 14280$

$x \times 7 = 2520$

$x = 360$

列車の長さが360mなので，秒速は，

$(360 + 840) \div 30 = 40$ (m/秒)

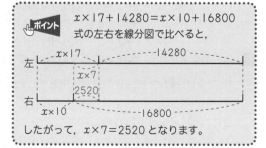

9 (1)15%の食塩水を x g 加えるとします。

8%の食塩水350gにふくまれる食塩は，

$\dfrac{8}{100} \times 350 = 28$ (g)

15%の食塩水 x g にふくまれる食塩は，

$\dfrac{15}{100} \times x$ (g)

できた10%の食塩水$(350+x)$gにふくまれる食塩は，

$\dfrac{10}{100} \times (350 + x) = 35 + \dfrac{10}{100} \times x$ (g)

2つの食塩水にふくまれる食塩の重さの合計は，混ぜ合わせた後の食塩水にふくまれる食塩の重さと等しいので，

$28 + \dfrac{15}{100} \times x = 35 + \dfrac{10}{100} \times x$

左右の式を比べて，

$\left(\dfrac{15}{100} - \dfrac{10}{100}\right) \times x = 35 - 28$

$\dfrac{5}{100} \times x = 7$

$x = 7 \div \dfrac{5}{100}$

$x = 140$

(2)14%の食塩水の重さを x g とすると，6%の食塩水の重さは$(800-x)$gとなります。(1)と同様に食塩の重さの式をつくると，

$\dfrac{14}{100} \times x + \dfrac{6}{100} \times (800 - x) = \dfrac{105}{1000} \times 800$

$\dfrac{14}{100} \times x + 48 - \dfrac{6}{100} \times x = 84$

$\left(\dfrac{14}{100} - \dfrac{6}{100}\right) \times x = 84 - 48$

$\dfrac{8}{100} \times x = 36$

$x = 36 \div \dfrac{8}{100}$

$x = 450$

よって，6%の食塩水の量は，

$800 - 450 = 350$ (g)

3 比

標準クラス p.8〜9

1 450人

2 8：3

3 188枚

4 1800円

5	6000 円
6	2500 円
7	100 円玉9枚，500 円玉3枚
8	24 kg

9 ㋐ $\frac{5}{7}$ ㋑ $\frac{7}{5}$ ㋒シャツの代金× $\frac{4}{3}$

㋓シャツの代金× $\frac{17}{10}$ ㋔ $\frac{4}{3}$ ㋕ $\frac{17}{10}$

㋖ 42 ㋗ 40 ㋘ 51

 解き方

1 216÷12×(13+12)=450(人)

2 A× $\frac{1}{4}$ =B× $\frac{2}{3}$ より，

A：B= $\frac{2}{3}$ ： $\frac{1}{4}$ =8：3

> **ポイント** 内項の積と外項の積は等しくなります。
> $a：b=c：d \rightleftarrows a×d=b×c$

3 弟にあげた後の兄の枚数は，
320÷(2+3)×2=128(枚)
128+60=188(枚)

4 2人の所持金の合計は，
5400+4200=9600(円)
わたした後のAさんの所持金は，
9600÷(3+5)×3=3600(円)
5400−3600=1800(円)

5 14400÷(3+4+5)×5=6000(円)

6 雪子：花子=2：3=6：9
花子：春子=9：5
したがって，雪子：花子：春子=6：9：5
10000÷(6+9+5)×5=2500(円)

7 500 円玉が1枚のとき 100 円玉は3枚あり，
これを組にすると金額の合計は，
500+100×3=800(円)
2400÷800=3 より，3組あるとわかります。

8 A：B=1：1.4=5：7
B：C=7：8 より，A：B：C=5：7：8
最も重いのはCなので，求める重さは，
60÷(5+7+8)×8=24(kg)

→ **ハイクラス**　　　　　p.10〜11

1	63 cm
2	(1)9：16 (2)720 円
3	48 本
4	130°

5	30 円
6	3：5
7	45 個
8	8：11
9	①182 g ②208 g ③312 g ④728 g

 解き方

1 A：B=(7×3)：(6×2)=7：4
比の差 7−4=3 が 27 cm にあたるので，
A の長さは，27÷3×7=63(cm)

2 (1)A：B=(3÷4)：(4÷3)=9：16

(2)B× $\frac{3}{8}$ =C× $\frac{1}{3}$ より，

B：C= $\frac{1}{3}$ ： $\frac{3}{8}$ =8：9

B の所持金は，2720÷(8+9)×8=1280(円)
よって，1280÷16×9=720(円)

3 A の本数を ③ 本とすると，B は ⑤ 本，C は
③×2+12=⑥+12(本)と表せます。
③+⑤+⑥+12=96 より，⑭=84 ①=6
よって，6×6+12=48(本)

4 長方形を対角線で分けた 2
つの直角三角形は合同です。
また，折り返した直角三角
形も合同なので，角㋑と大
きさの等しい角は，右の図
のようになります。

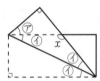

したがって，㋐+㋑×2=90°
角㋐の大きさを ⑧ とすると，角㋑の大きさは ⑤
となるので，
⑧+⑤×2=90° ⑱=90° ①=5°
角㋑=5°×5=25° より，
角 x =180°−(25°×2)=130°

5 ノート 1 冊の値段を ⑤ 円とすると，えん筆 1 本
の値段は ③ 円と表せます。
2 人合わせてノート 8 冊とえん筆 14 本を買い，
その代金が，1500+1200−240=2460(円)な
ので，
⑤×8+③×14=2460 ㉒=2460 ①=30
したがって，ノート 1 冊 150 円，えん筆 1 本
90 円となるので，弟の残金は，
1200−(150×3+90×8)=30(円)

6 はじめに A に入っていた水の量を ① とします。
B に $\left(\frac{1}{3}\right)$ を移した後，B から A に半分移したので，

B には $\left(\frac{1}{3}\right)$ の半分とはじめに B に入っていた水の
半分が残っています。これが ① に等しくなるの

④

で，はじめにBに入っていた水の量を Ⓑ とすると，

$$\left(\frac{1}{3}\right)\div2+Ⓑ\div2=①\quad\left(\frac{1}{6}\right)+Ⓑ\div2=①$$

$$Ⓑ\div2=①-\left(\frac{1}{6}\right)\quad Ⓑ\div2=\left(\frac{5}{6}\right)\quad Ⓑ=\left(\frac{5}{6}\right)\times2$$

$$Ⓑ=\left(\frac{5}{3}\right)\quad よって，求める比は，\quad 1:\frac{5}{3}=3:5$$

7 やりとりをしてもボールの合計個数は変わらないので，移動前と移動後のそれぞれの割合の合計をそろえて考えます。

$8+5+4=17$，$16+29+6=51$，$51\div17=3$ より，$8:5:4=(8\times3):(5\times3):(4\times3)$
$=24:15:12$

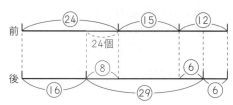

線分図より，割合の 8 が 24 個にあたるので，はじめにBに入っていた個数は，
$24\div8\times15=45$（個）

8 $A\times3=B+5=C-10=D\div2=①$ とすると，$A=\left(\frac{1}{3}\right)$，$B=①-5$，$C=①+10$，$D=②$ と表せます。和が 200 になることから，

$$\left(\frac{1}{3}\right)+①-5+①+10+②=200$$

$$\left(\frac{13}{3}\right)=200+5-10=195\quad ①=195\div\frac{13}{3}=45$$

よって，$B=45-5=40$，$C=45+10=55$ より，
$B:C=40:55=8:11$

9 $①+②$ の重さは，$1430\div(3+8)\times3=390$（g）
$③+④$ の重さは，$1430-390=1040$（g）
$①$ の重さを $\boxed{1}$ g とすると，$④$ の重さは $\boxed{4}$，$②$ の重さは $390-\boxed{1}$，$③$ の重さは $1040-\boxed{4}$ と表せます。

$1040-\boxed{4}=(390-\boxed{1})\times\frac{3}{2}$ より，

$$1040-\boxed{4}=585-\frac{3}{2}$$

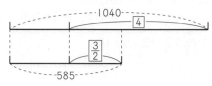

線分図より，$\boxed{4}-\frac{3}{2}=1040-585$

$$\frac{5}{2}=455\quad\boxed{1}=182$$

よって，$①$ は 182 g，$②$ は $390-182=208$（g），
$④$ は $182\times4=728$（g），
$③$ は $1040-728=312$（g）

4 速さと比

標準クラス   p.12〜13

1 (1) 2 時間 40 分　(2) 8 km

2 （例）行きと帰りにかかる時間の比は，
$40:50=4:5$　合計で 6 時間かかったので，
行きにかかった時間は，$6\times\dfrac{4}{4+5}=\dfrac{8}{3}$（時間）

$\dfrac{8}{3}$ 時間 $=160$ 分なので，求めるきょりは，

$50\times160=8000$（m）より，8 km

答え 8 km

3 $16\dfrac{2}{3}$ m

4 $14:16:17$

5 1260 m

6 午前 8 時 40 分

7 $5:4$

8 1 時間 3 分

9 900 m

📖 解き方

1 (1) 行きと帰りにかかった時間の比は，速さの比の逆比なので，$6:3=2:1$　合計で 4 時間かかったので，行きにかかった時間は，

$4\times\dfrac{2}{2+1}=\dfrac{8}{3}$（時間）より，2 時間 40 分です。

(2) $3\times\dfrac{8}{3}=8$（km）

 ポイント
速さが 2 倍，3 倍，…になると時間は $\dfrac{1}{2}$，$\dfrac{1}{3}$，…になるので，時間の比は速さの比の逆比になります。

3 ともやさんとはるきさんの速さの比は，
$400:(400-16)=25:24$ より，はるきさんが 400 m 走る時間でともやさんは，

$400\div24\times25=416\dfrac{2}{3}$（m）走ります。

よって，$416\dfrac{2}{3}-400=16\dfrac{2}{3}$（m）下げます。

④ AさんとBさんの速さの比は，
$(100-12.5):100=7:8=\underline{14}:16$
AさんとCさんの速さの比は，$\underline{14}:17$
よって，A：B：C＝14：16：17

⑤ 分速45mのときにかかる時間と分速63mのときにかかる時間の比は，速さの比の逆比なので，
$63:45=7:5$
この比の差2が$6+2=8$（分）にあたるので，
分速45mのときにかかる時間は，
$8÷2×7=28$（分）
よって，求めるきょりは，
$45×28=1260$（m）

⑥ 分速60mのときにかかる時間と分速75mのときにかかる時間の比は，速さの比の逆比なので，
$75:60=5:4$
この比の差1が3分にあたるので，
分速60mのときにかかる時間は，
$3×5=15$（分）
よって，8時25分＋15分＝8時40分

⑦ 太郎さんと花子さんの歩はばの比は，7：8
太郎さんと花子さんの同じ時間に走る歩数の比は，10：7
よって，求める比は，$(7×10):(8×7)=5:4$

> **ポイント　歩はばと歩数**
> 速さの比は，同じ時間に進むきょりの比に等しいので，太郎さんが10歩で進むきょりと花子さんが7歩で進むきょりの比を求めます。
> 進むきょりは，（歩はば）×（歩数）で求められます。

⑧ けんじさんとはやとさんの歩はばの比は，6：5
けんじさんとはやとさんの歩数の比は，7：8
2人の速さの比は，$(6×7):(5×8)=21:20$
したがって，時間の比は，20：21
よって，求める時間は，
$1時間×\frac{21}{20}=60分×\frac{21}{20}=63分=1時間3分$

⑨ たけし君とたくみ君の速さの比は1：2なので，
それぞれが進んだきょりの比も，1：2
A地点とB地点の間のきょりを③とすると，

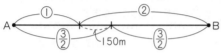

線分図より，$\left(\frac{3}{2}\right)-①=\left(\frac{1}{2}\right)$が150mにあたるので，求めるきょりは，$150÷\frac{1}{2}×3=900$（m）

↱ **ハイクラス**　　　　　　　　　　p.14〜15

① (1)分速18m　(2)2800歩
② 3150m
③ 16分後
④ 60km
⑤ 4.2
⑥ (1)3：2　(2)1：2：2
⑦ (1)$\frac{5}{4}$倍（1.25倍）　(2)50分　(3)時速3.6km

- - - - - - **解き方** - - - - - -

① (1)兄と妹の歩はばの比は，4：3
兄と妹の歩数の比は，4：3
速さの比は，$(4×4):(3×3)=16:9$より，
2人が出会うまでに進むきょりの比も，16：9
妹が進んだきょりは，$1000×\frac{9}{16+9}=360$（m）
よって，分速は，$360÷20=18$（m/分）

(2)兄の歩はばは，$30×\frac{4}{3}=40$（cm）
兄の進んだきょりは，$1000-360=640$（m）
兄の歩数は，$640×100÷40=1600$（歩）
妹の歩数は，$360×100÷30=1200$（歩）
よって，$1600+1200=2800$（歩）

② Bさんが700m進む間にAさんは900m進んでいるので，AさんとBさんの速さの比は，9：7
池の周囲の長さを⑨とすると，Aさんが⑨進んだときBさんは⑦進んでおり，この差が700mなので，求める長さは，
$700÷(9-7)×9=3150$（m）

③ 兄と妹の速さの比は，$45:30=3:2$
妹の分速を②m/分とすると，
兄の分速は③m/分
旅人算の考え方から兄が追いつくのは，
$②×8÷(③-②)=16$（分後）

④ 道のりの比が1：2：3なので，走った時間の比は，
$\frac{1}{15}:\frac{2}{12}:\frac{3}{9}=2:5:10$

5時間40分＝$\frac{17}{3}$時間より，

時速15kmで走った道のりは，

⑥

$$15 \times \frac{17}{3} \times \frac{2}{2+5+10} = 10\,(km)$$

道のりの合計は，$10 \times (1+2+3) = 60\,(km)$

5 $x\,km = (1000 \times x)\,m$，$y\,km = (1000 \times y)\,m$

$1000 \times x \div 50 = 1000 \times y \div 200 \times 3$

$\qquad 20 \times x = 15 \times y$

したがって，$x:y = 15:20 = 3:4$

この比の差 1 が 1.4 にあたるので，

$x = 1.4 \times 3 = 4.2$

6 (1)太郎君は，AからPまで進むのに 15 分，Pか
らBまで進むのに 10 分かかっているので，A
P間とPB間のきょりの比は，3：2
太郎君がAP間を進む間に次郎君はBP間を
進んでいるので，2人の速さの比はAP間と
PB間のきょりの比に等しく，3：2

(2)AB間のきょり
を⑤とすると，
2度目に出会う
のは2人の進ん
だきょりの和が⑤×3＝⑮になったときです。

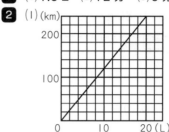

太郎君が進んだきょりは，$⑮ \times \frac{3}{3+2} = ⑨$

次郎君が進んだきょりは，$⑮ - ⑨ = ⑥$

したがって，QはAから $⑥ - ⑤ = ①$ の地点に
なります。右の線
分図より，求める
比は，1：2：2

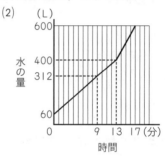

7 (1)速さを減らす前と後の速さの比は，

$1 : \left(1 - \frac{1}{5}\right) = 5 : 4$

かかる時間の比はその逆比なので，4：5

よって，$\frac{5}{4}$ 倍

(2)かかる時間が $\frac{5}{4} - 1 = \frac{1}{4}$（倍）増えたことで 10

分増えたので，速さを減らさなかったときに

かかる時間は，$10 \div \frac{1}{4} = 40$（分）

よって，求める時間は，$40 \times \frac{5}{4} = 50$（分）

(3)$3.2 \times \left(1 - \frac{1}{4}\right) = 2.4\,(km)$

40 分$= \frac{2}{3}$ 時間

$2.4 \div \frac{2}{3} = 3.6\,(km/時)$

---

5 比例と反比例

1 (1)1.5 L   (2)12 分   (3)6 分後

2 (1)

(km)
200
100
0   10   20 (L)

(2)3L 少ない

3 (1)A管 28L，B管 22L

(2)

(L)
600
400
312

水
の
量

60
0   9   13 17（分）
時間

4 (1)(例)x が 2 倍，3 倍，…になると，y は $\frac{1}{2}$，

$\frac{1}{3}$，…になっているので，反比例している。

(2)$y = 60 \div x$ $x \times y = 60$，$x = 60 \div y$ でも可

(3)1.5

5 (1)65   (2)18

📖 解き方

1 (1)$12 \div 8 = 1.5\,(L)$

(3)1 分間に入る水の量は，

アは，1.5 L

イは，$12 \div 12 = 1\,(L)$

$3 \div (1.5 - 1) = 6$（分後）

2 (2)$96 \div 12 = 8\,(L)$

$(240 - 96) \div 16 = 9\,(L)$

Aだけの場合は，$240 \div 12 = 20\,(L)$

よって，$20 - (8+9) = 3\,(L)$

3 (1)A管は，$(312 - 60) \div 9 = 28\,(L/分)$

B管は，$(400 - 312) \div (13-9) = 22\,(L/分)$

4 (3)(2)の式にあてはめて，ア$= 60 \div 40 = 1.5$

5 (1)$52 \times 5 \div 4 = 65$（個）

(2)$3 \times 30 \div 5 = 18$（回転）

1 (1)23 cm　(2)1 時間 59 分　(3)1 時間 3 分
2 (1)16　(2)3 回転
3 (1)3240 円　(2)6504 円
4 (1)25　(2)5：3　(3)80 g

📖 解き方

1 (1)1 分間に減る長さは，$25÷175=\dfrac{1}{7}$(cm)

$25-\dfrac{1}{7}×14=23$(cm)

(2)細いろうそくは，$\dfrac{1}{7}×2=\dfrac{2}{7}$ より，1 分間に

$\dfrac{2}{7}$ cm ずつ減ります。

$34÷\dfrac{2}{7}=119$(分)より，

119 分＝1 時間 59 分

(3)$(34-25)÷\left(\dfrac{2}{7}-\dfrac{1}{7}\right)=63$(分)

63 分＝1 時間 3 分

2 (1)$48÷3=16$

(2)48 と 16 と 36 の最小公倍数は 144

$144÷48=3$(回転)

3 (1)$(6120-5640)÷(30-25)=96$ より，1 m³ あたり 96 円の料金がかかります。

よって，基本料金は，

$6120-96×30=3240$(円)

(2)$3240+96×34=6504$(円)

4 (1)バネ A は，12 g のおもりをつるすと$(16-10)$ cm のびるので，30 g のおもりでは，

$(16-10)÷12×30=15$(cm)のびます。

よって，$10+15=25$(cm)

(2)バネ B は，30 g のおもりをつるすと$(25-16)$ cm のびるので，求める比は，$15：9=5：3$

(3)バネ A とバネ B に同じ重さのおもりをつるしたときのバネののびる長さを，それぞれ⑤ cm，③ cm とします。

$(10+⑤)：(16+③)=5：4$

$(10+⑤)×4=(16+③)×5$

$40+⑳=80+⑮$

左右の式を比べて，⑤＝40 より，バネ A ののびた長さは 40 cm とわかります。

$6÷12=\dfrac{1}{2}$より，バネ A はおもり 1 g につき

$\dfrac{1}{2}$ cm のびるので，$40÷\dfrac{1}{2}=80$(g)

---

6 速さとグラフ

1 (1)1260 m　(2)毎分 45 m　(3)42
2 (1)1 分後　(2)20 分後
3 (1)9 時 20 分　(2)12.8 km$\left(12\dfrac{4}{5}\text{ km}\right)$
4 (1)8 時 15 分　(2)1.8 km

📖 解き方

1 (1)恵さんの歩く速さは，$840÷14=60$(m/分)

恵さんの動きが止まったことから，恵さんが出発してから 21 分で図書館に着いたとわかります。

よって，$60×21=1260$(m)

(2)$60-(945-840)÷(21-14)=45$(m/分)

(3)$21+945÷45=42$(分)

2 (1)英和さんの分速は，$560÷7=80$(m/分)

成美さんの分速は，$80×\dfrac{3}{4}=60$(m/分)

$560-60×7=140$(m)

$140÷(80+60)=1$(分後)

(2)英和さんが学校へもどったのは出発してから 14 分後で，このとき成美さんは，

$60×14=840$(m)進んでいます。

この後の英和さんの分速は，

$80×1.5=120$(m/分)なので，

$840÷(120-60)=14$ より，最初に出発してから，$14+14=28$(分後)に追いつきます。

(1)より，成美さんとすれちがったのは最初に出発してから $7+1=8$(分後)なので，

$28-8=20$(分後)

3 (1)太郎君の時速は，$20÷(13-8)=4$(km/時)

次郎君の時速は，$20÷\left(10\dfrac{1}{4}-9\right)=16$(km/時)

次郎君が出発するとき，2 人の間のきょりは $4×1=4$(km)なので，追いつくのに，

$4÷(16-4)=\dfrac{1}{3}$(時間)かかります。

(2)次郎君が B 町を出発する時刻は 10 時 45 分で，このときの 2 人の間のきょりは，

$20-4×2\dfrac{3}{4}=9$(km)

よって，次郎君が B 町を出発してから，

$9÷(16+4)=\dfrac{9}{20}$(時間)後に 2 人は出会います。

よって，$4 \times \left(2\frac{3}{4} + \frac{9}{20}\right) = 12\frac{4}{5} = 12.8$(km)

4 (1)家からA駅までは，$36 \div 60 \times 8 = 4.8$(km)
父が駅を出発したのは，8時9分
そのとき，良子さんは，
$4.8 \div 60 \times 9 = 0.72$(km)進んでいます。
$(4.8 - 0.72) \div (4.8 \div 60 + 36 \div 60) = 6$(分)
$9 + 6 = 15$より，8時15分

(2)正さんの道のりは，
$4.8 + 48 \div 60 \times (24 + 43) + 4.8 \div 60 \times 20$
$= 60$(km)
良子さんの道のりは，15分間徒歩で，8時
16分から9時51分まで車なので，
$4.8 \div 60 \times 15 + 36 \div 60 \times 95 = 58.2$(km)
$60 - 58.2 = 1.8$(km)

▸ **ハイクラス**　　　　　　　　　　p.22〜23

1 (1)9時23分54秒　(2)1950
(3)9時22分10秒
2 (1)春子分速150 m，夏子分速120 m
(2)405　(3)6
3 (1)820 m　(2)50分後
4 (1)7時36分　(2)毎分60 m　(3)4080 m
(4)8時32分

- - - - - - - 📖 **解き方** - - - - - - -

1 (1)行きのバスの分速は，
$24 \times 1000 \div 60 = 400$(m/分)
もどりのバスの分速は，
$30 \times 1000 \div 60 = 500$(m/分)
$4200 \div 400 + 5 + 4200 \div 500 = 23.9$(分)
0.9分$= 54$秒より，9時23分54秒

(2)(1)の時刻の3分54秒前の時点なので，
$500 \times 3.9 = 1950$(m)

(3)$1950 \div (500 + 400) = 2\frac{1}{6}$(分)

$\frac{1}{6}$分$= 10$秒より，9時22分10秒

2

(1)上の図より，片道540 mのコースを往復する
のに，春子さんは7.2分，夏子さんは9分かかっ

ているので，
春子さんの分速は，$540 \times 2 \div 7.2 = 150$(m/分)
夏子さんの分速は，$540 \times 2 \div 9 = 120$(m/分)

(2)左下の図より，㋐は夏子さんがA地点に着い
たときの2人の間のきょりを表しています。
夏子さんがA地点に着いたのは，出発してから
$9 \div 2 = 4.5$(分後)で，ここから$7.2 - 4.5 = 2.7$
(分後)に春子さんはA地点に着くので，求め
るきょりは，
$150 \times 2.7 = 405$(m)

(3)$405 \div (150 + 120) = 1.5$(分)
$4.5 + 1.5 = 6$(分)

3 (1)$900 \div 30 = 30$より，弟の速さは分速30 m
兄が中間地点に着いたのは，出発してから
$450 \div 60 = 7.5$(分後)で，再び進み出したのは，
$7.5 + 19 = 26.5$(分後)
したがって，30分の時点では，兄は家から
$450 + 60 \times (30 - 26.5) = 660$(m)の地点，
弟は家から900 mの地点にいるので，2人の
間のきょりは，$900 - 660 = 240$(m)
$240 \div (60 + 30) = \frac{8}{3}$より，この$\frac{8}{3}$分後に2

人は出会います。

よって，$660 + 60 \times \frac{8}{3} = 820$(m)

(2)兄がA地点を出発するのは，家を出発してから，
$26.5 + 7.5 + 6 = 40$(分後)
40分後の時点での2人の間のきょりは，
$30 \times (40 - 30) = 300$(m)
$300 \div (60 - 30) = 10$より，兄がA地点を出
発してから10分後に追いこすので，
$40 + 10 = 50$(分後)

4 (1)Bさんが家を出た6分後から2人の間のきょ
りが縮まっているので，7時36分

(2)$(720 - 360) \div 6 = 60$(m/分)

(3)AさんとBさんの速さの差は，
$720 \div (42 - 6) = 20$(m/分)
Aさんの速さは，$60 + 20 = 80$(m/分)
AさんがBさんを追いこして2人の間のきょ
りが300 mになったときが，ちょうどAさん
が学校に着いたときです。したがって，$300 \div$
$20 = 15$より，Bさんに追いついた15分後に
Aさんは学校に着きます。Aさんは家を出て
から，$42 + 15 - 6 = 51$(分間)で学校に着くこ
とから，求めるきょりは，
$80 \times 51 = 4080$(m)

(4)$(4080 - 360) \div 60 = 62$(分間)
7時30分$+ 62$分$= 8$時32分

⑨

標準クラス p.24〜25

1 (1)(カ)　(2)40 人　(3)13

2 (1)8 番目から 12 番目　(2)38 m

3 (1)90 点　(2)60 点　(3)48.6 %

4 (1)20%　(2)④, ⑤

5 (1)45 人　(2)11 人

📖 **解き方**

1 (2)40 分以上の人はクラスの 25%なので,
　(3+5+2)÷0.25＝40(人)
　(3)40−(2+7+8+3+5+2)＝13

2 (1)35 m 以上の人はクラブの 30%なので, クラ
　ブの人数は, (6+3)÷0.3＝30(人)
　20 m 以上 25 m 未満の人と 25 m 以上 30 m 未
　満の人は同じ人数なので, それぞれ
　{30−(2+9+6+3)}÷2＝5(人)
　よって, 2+5+1＝8(番目)から,
　2+5+5＝12(番目)
　(2)30 人の合計記録は, 31×30＝930(m)
　35 人の合計記録は, 32×35＝1120(m)
　よって, (1120−930)÷5＝38(m)

3 成績ごとの人数は, 次のようになります。

成績(点)	10	20	30	40	50	60	70	80	90	100
人数(人)	1	2	2	6	1	6	2	5	7	3

　(1)人数が最も多い成績です。
　(2)1+2+2+6+1+6+2+5+7+3＝35(人)
　より, 真ん中の 18 番目の人の成績です。
　(3)(10×1+20×2+30×2+40×6+50×1
　+60×6+70×2+80×5+90×7+100×
　3)÷35＝63.7…(点)より, 70 点以上の人の
　割合を求めます。
　(2+5+7+3)÷35×100＝48.57…より,
　48.6%

4 (1)(2+4)÷30×100＝20(%)
　(2)AとBの和は, 30−(2+4+10+1)＝13(人)
　この 13 人が全員Aだとすると, 20 番目の人は
　④ に入ります。
　また, この 13 人が全員Bだとすると, 20 番
　目の人は ⑤ に入ります。

5 (1)8 点以上の人は学級の 40%なので,
　(10+5+3)÷0.4＝45(人)
　(2)学級の合計得点は, 7×45＝315(点)なので,
　5 点の人と 7 点の人の合計得点は,

315−(3×1+4×2+6×7+8×10+
9×5+10×3)＝107(点)
5 点と 7 点の人数の和は,
45−(1+2+7+10+5+3)＝17(人)
つるかめ算の考え方で, 7 点の人数は,
(107−5×17)÷(7−5)＝11(人)

ハイクラス p.26〜27

1 30, 32, 34, 34, 40, 44

2 (例)クラスの大半は低い点数であるのに, 高
得点の人が少数いると, 平均点より下であっ
ても上位半分に入る可能性がある。例えば,
クラスが 10 人で, 100 点が 2 人, 自分が
20 点, 他は全員 0 点の場合, 平均点は 22
点だが 3 位である。

3 (1)5 分 10 秒　(2)13 分 20 秒　(3)9 分 5 秒

4 20 人

📖 **解き方**

1 6 つの条件を上から順に, ⓐ, ⓑ, ⓒ, ⓓ, ⓔ,
ⓕ とします。
ⓒ より, 20 人の合計得点は, 38×20＝760(点)
ⓒ, ⓓ より, 下位 10 名の合計得点は,
(760−8.2×10)÷2＝339(点)→ⓖ とします。
上位 10 名の合計得点は,
760−339＝421(点)→ⓗ とします。
ⓑ より, 10−(2+5+2)＝1 なので, 38 点以上
41 点未満の階級で最も低いのが 39 点で, 同じ
得点の人はいないことから, この階級の残り 4
名は全員 40 点→ⓘ とします。
グラフから, 上位 10 名は 38 点以上 41 点未満
の階級の上位 4 名と 41 点以上の 6 名なので, ⓗ,
ⓘ より, 421−(47+45+42+42+41+40+
40+40+40)＝44(点)の人がいるとわかりま
す。
ア〜カを得点の低いほうから順に, ア, イ, ウ, エ,
オ, カとすると, オ＝40, カ＝44
グラフより, アは 29 以上 32 未満, イ〜エは
32 以上 35 未満です。
ア〜エの 2 つをたしても 72 にはならないこと
から, ⓔ より, 40+32 または 44+28 のどち
　　　　　オ　　　　　　　カ
らかになります。28 はア〜エのはん囲に入らな
いので, イ＝32 とわかります。
ⓖ より, ア, ウ, エの合計は,
339−(30+32+33+34+36+37+39)
＝98 →ⓙ とします。

ⓕ，ⓙより，イとウが同じ 32 だとすると，
ア＋エ＝98−32＝66 となりますが，このようなアとエは存在しません。したがって，ウとエが同じ数になります。ウ＝エ＝33 とするとア＝32 となりはん囲には入らないので，ウ＝エ＝34，ア＝30 となります。

② ポイント 「○○であるとは限らない（いえない）」ことを説明するには，○○にならない場合の例（「反例」といいます）を１つあげます。

③ (1)5 分 40 秒×3＝17 分
　　17 分−(5 分 40 秒＋6 分 10 秒)＝5 分 10 秒
(2)(5 分 40 秒×2＋2 分)×3＝40 分
　　40 分−(14 分 20 秒＋12 分 20 秒)＝13 分 20 秒
(3)7 番目と 8 番目の時間の平均を求めます。
　　(8 分 30 秒＋9 分 40 秒)÷2＝9 分 5 秒

ポイント データの値の個数が偶数のときは，真ん中の２つの値の平均が中央値になります。

④ 条件から，0 円，100 円，600 円の人はおらず，それぞれの金額別の乗り物は右の表のようになります。
500 円と 700 円の人数の合計は，
30−(1＋2＋2＋6＋1＋7)＝11(人)
500 円と 700 円の人が使った合計金額は，
20800−(200×1＋300×2＋400×2＋800×6＋900×1＋1000×7)＝6500(円)
つるかめ算の考え方で，700 円の人数は，
(6500−500×11)÷(700−500)＝5(人)
500 円の人数は，11−5＝6(人)
メリーゴーランドに 2 回乗った人は，400 円と 900 円の人とウの人で，合わせて 6 人より，
ウ＝6−(2＋1)＝3　したがって，エ＝5−3＝2
メリーゴーランドに 1 回乗った人は，
18−6＝12(人)で，200 円，ア，エ，1000 円

金額(円)	乗り物	人数(人)
200	メ	1
300	ゴ	2
400	メ②	2
500	メとゴ	ア
500	ジ	イ
700	メ②とゴ	ウ
700	メとジ	エ
800	ゴとジ	6
900	メ②とジ	1
1000	メとゴとジ	7

メ…メリーゴーランド
ゴ…ゴーカート
ジ…ジェットコースター
○は乗った回数

の人なので，ア＝12−(1＋2＋7)＝2
したがって，イ＝6−2＝4
よって，ジェットコースターに乗った人数は，
4＋2＋6＋1＋7＝20(人)

8 場合の数

標準クラス　　　　　　　　　　p.28〜29

① 12 通り
② 24 通り
③ (1)3 通り　(2)13 通り
④ 7 種類
⑤ 24 個
⑥ (1)5 個　(2)120 通り
⑦ (1)60 通り　(2)60 通り
⑧ (例)10 の約数のうち 1 けたの数は，1，2，5
□＝1 のとき，○＋△＝10 となる(○，△)は，
(1，9)，(2，8)，(3，7)，(4，6)，(5，5)，
(6，4)(7，3)，(8，2)，(9，1)の 9 通り
□＝2 のとき，○＋△＝5 となる(○，△)は，
(0，5)，(1，4)，(2，3)，(3，2)，(4，1)，
(5，0)の 6 通り
□＝5 のとき，○＋△＝2 となる(○，△)は，
(0，2)，(1，1)，(2，0)の 3 通り
よって，全部で，9＋6＋3＝18(通り)
　　　　　　　　　　答え　18 通り

📖 解き方

① 4×3＝12(通り)
② 4×3×2×1＝24(通り)
③ (1)(1，1，1)，(1，2)，(2，1)の 3 通り
(2)2 段のぼる回数が，3 回のとき 1 通り
　　　　　　　　　　2 回のとき 6 通り
　　　　　　　　　　1 回のとき 5 通り
　　　　　　　　　　0 回のとき 1 通り
　　よって，全部で，13 通り
④ 7 をふくむ組み合わせは，「1＋1＋7」の 1 種類
6 をふくむ組み合わせは，「1＋2＋6」の 1 種類
5 をふくむ組み合わせは，「1＋3＋5」，「2＋2＋5」の 2 種類
4 をふくむ組み合わせは，「1＋4＋4」，「2＋3＋4」の 2 種類
3 をふくむ，上記以外の組み合わせは，「3＋3＋3」の 1 種類
よって，全部で，7 種類

5 3の倍数になる組み合わせは次の4通り
(1, 2, 3), (1, 3, 5), (2, 3, 4), (3, 4, 5)
それぞれ3つの数の並べ方は6通りずつあるので,
6×4＝24(個)

6 (1)第1行第1列, 第2行第2列というように,
ななめに置いていくと, 5個で済みます。
(2)1行目は5通り, 2行目は4通り, 3行目は
3通り, 4行目は2通り, 5行目は1通りより,
5×4×3×2×1＝120(通り)

7 (1)黒板消しの1人の決め方は, 6通り
次に, ぞうきんの2人の決め方は, 残りの5
人のうちから2人を決めるので, 最初の1人
は5通り, 次は4通りですが, 順番が入れかわっ
ても同じなので, その半分になります。
ほうきの3人は, その残りの人に決まります。
6×5×4÷2＝60(通り)
(2)Aさんが休んだとき, 係がいないものがあっ
てもよいので, (1)と同じ60通り

➡️ **ハイクラス**
p.30〜31

1 (1)6通り (2)10通り
2 (1)12 (2)6
3 8通り
4 (1)ア 3 イ 8 (2)89
5 (1)5段と15段 (2)5段 (3)20段

📖 **解き方**

1 (1)1点が2回, 2点が1回であればよいので,
(1, 1, 2), (1, 1, 3), (1, 2, 1) (1, 3, 1),
(2, 1, 1), (3, 1, 1)の6通り
(2)1回目が1点, 2回目が3点のとき
(1, 4), (1, 5), (1, 6)の3通り
1回目, 2回目とも2点のとき
(2, 2), (2, 3), (3, 2), (3, 3)の4通り
1回目が3点, 2回目が1点のとき
(4, 1), (5, 1), (6, 1)の3通り
よって, 全部で, 3＋4＋3＝10(通り)

2 (1)

百 十 一　　　百 十 一　　　百 十 一

$1 \Bigl\langle \begin{matrix} 2 - 3\bigcirc \\ 3 \bigl\langle \begin{smallmatrix} 2 \\ 3\bigcirc \end{smallmatrix} \end{matrix}$
$2 \Bigl\langle \begin{matrix} 1 - 3\bigcirc \\ 3 \bigl\langle \begin{smallmatrix} 1 \\ 3\bigcirc \end{smallmatrix} \end{matrix}$
$3 \Bigl\langle \begin{matrix} 1 \bigl\langle \begin{smallmatrix} 2 \\ 3\bigcirc \end{smallmatrix} \\ 2 \bigl\langle \begin{smallmatrix} 1 \\ 3\bigcirc \end{smallmatrix} \\ 3 \bigl\langle \begin{smallmatrix} 1 \\ 2 \end{smallmatrix} \end{matrix}$

---

(2)(1)で○をつけた6つです。
一の位が3なので, 残りの百の位と十の位は
3つの数字の中から, 2つを選んで並べると
して, 3×2＝6(つ)のように, 計算でも求めら
れます。

3 ×が1個のとき, ○○×○○の1通り
×が2個のとき, ×○×○○, ×○○×○,
○×　×○○, ○×○×○, ○×○○×,
○○××○, ○○×○×の7通り
よって, 全部で8通りあります。

4 (1)右の図より,
《3》＝3
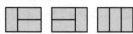
下の図のように, 《5》のときは, 《3》のときの
それぞれの図の右に横長のものを2つつけた
ものと, 《4》のときのそれぞれの図の右に縦長
のものを1つつけたものを合わせたものにな
ります。

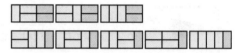

したがって, 《5》＝《3》＋《4》＝8
(2)《6》＝《4》＋《5》＝13
《7》＝《5》＋《6》＝21
《8》＝《6》＋《7》＝34
《9》＝《7》＋《8》＝55
《10》＝《8》＋《9》＝89

5 (1)1人が3回勝つと, 差は
(3＋2)×3＝15(段)
1人が2回勝つと, 差は
(3＋2)×2－(3＋2)＝5(段)
したがって, 5段と15段
(2)(3＋2)×3－(3＋2)×2＝5(段)
(3)Aさんが負けた回数は,
(3×10－15)÷(3＋2)＝3(回)
Bさんは, 3勝7敗なので,
15＋3×3－2×7＝10(段目)
差は, 30－10＝20(段)

🎯 **チャレンジテスト①**
p.32〜33

1 (1)12$\frac{3}{20}$L (2)20$\frac{1}{4}$L
2 288cm²
3 41枚
4 (1)18 cm (2)28 cm
5 (1)$\left(x×\frac{1}{3}+60\right)$人

(2) $500 \times x + 900 \times \left(x \times \dfrac{1}{3} + 60\right)$

(3) 子ども786人，大人322人

⑥ (例) 仕入れ値を x 円とする。

$x \times \left(1 + \dfrac{1}{2}\right) \times \left(1 - \dfrac{1}{5}\right) - x = 240$

　　　　　　　　答え　1200 円

⑦ 72 枚

⑧ (1) 2：1　(2) 5：9

(3) A50L，B25L，C45L

- - - - - - - - 📖解き方 - - - - - - - -

① (1) $1.8 \times 6\dfrac{3}{4} = 12\dfrac{3}{20}$ (L)

(2) $12\dfrac{3}{20} \div \dfrac{3}{5} = 20\dfrac{1}{4}$ (L)

② $(72 - 60) \div 2 = 6$

もとの横の長さは，$6 \div \left(1 - \dfrac{3}{4}\right) = 24$ (cm)

もとの縦(たて)の長さは，$72 \div 2 - 24 = 12$ (cm)

$12 \times 24 = 288$ (cm²)

③ 全体の枚数を①枚とすると，

A君は，$\left(\dfrac{1}{3}\right) + 15$ (枚)

B君は，$\left(\left(\dfrac{1}{3}\right) + 15\right) \times \dfrac{4}{5} + 10 = \left(\dfrac{4}{15}\right) + 22$ (枚)

C君は，$\left(\left(\dfrac{4}{15}\right) + 22\right) \times \dfrac{1}{2} + 4 = \left(\dfrac{2}{15}\right) + 15$ (枚)

$\left(\dfrac{1}{3}\right) + 15 + \left(\dfrac{4}{15}\right) + 22 + \left(\dfrac{2}{15}\right) + 15 = ①$

$\left(\dfrac{11}{15}\right) + 52 = ①$

$① - \left(\dfrac{11}{15}\right) = \left(\dfrac{4}{15}\right)$ が 52 枚にあたるので，

全体の枚数は，$52 \div \dfrac{4}{15} = 195$ (枚)

よって，C君の枚数は，$195 \times \dfrac{2}{15} + 15 = 41$ (枚)

④ (1) 1 回目にはね上がった高さは，

$150 \times \dfrac{3}{5} = 90$ (cm)

Bの台まで，$90 - 40 = 50$ (cm) 落下するので，

Bの台から，$50 \times \dfrac{3}{5} = 30$ (cm) はね上がる。

したがって，2 回目にはね上がった高さは，

$40 + 30 = 70$ (cm)

3 回目にはね上がった高さは，

$70 \times \dfrac{3}{5} = 42$ (cm)

同様にして，

5 回目にはね上がった高さ (Dの高さ) は，

$42 - 12 = 30$　$30 \times \dfrac{3}{5} = 18$

$18 + 12 = 30$　$30 \times \dfrac{3}{5} = 18$ (cm)

(2) 3 回目にはね上がった高さは，

$90 - 65 = 25$　$25 \times \dfrac{3}{5} = 15$

$15 + 65 = 80$　$80 \times \dfrac{3}{5} = 48$ (cm)

4 回目にはね上がった高さは，

$24 \div \dfrac{3}{5} = 40$ (cm)

Cの台の高さは，$(48 - 40) \div \left(1 - \dfrac{3}{5}\right) = 20$

$48 - 20 = 28$ (cm)

⑤ (3) $500 \times x + 900 \times \left(x \times \dfrac{1}{3} + 60\right) = 682800$

$500 \times x + 300 \times x + 54000 = 682800$

$800 \times x = 628800$

$x = 786$

大人の人数は，$786 \times \dfrac{1}{3} + 60 = 322$ (人)

⑥ $x \times \left(1 + \dfrac{1}{2}\right) \times \left(1 - \dfrac{1}{5}\right) - x = 240$

$x \times \dfrac{3}{2} \times \dfrac{4}{5} - x = 240$

$x \times \dfrac{6}{5} - x = 240$

$x \times \left(\dfrac{6}{5} - 1\right) = 240$

$x \times \dfrac{1}{5} = 240$

$x = 240 \div \dfrac{1}{5}$

$x = 1200$

定価を x 円としてもかまいません。この場合，

$x \times \left(1 - \dfrac{1}{5}\right) - x \div \left(1 + \dfrac{1}{2}\right) = 240$ より，

$x = 1800$

よって，仕入れ値は，$1800 \div \dfrac{3}{2} = 1200$ (円)

⑦ 枚数の比は，

100 円：50 円 $= 5 : (4 \times 2) = 5 : 8$

$117 \times \dfrac{8}{5 + 8} = 72$ (枚)

⑧ (1) Aの容積の $\dfrac{2}{3}$ の水の $\dfrac{1}{4}$ がBの容積の $\left(1 - \dfrac{2}{3}\right)$

にあたるので，

$A \times \dfrac{2}{3} \times \dfrac{1}{4} = B \times \dfrac{1}{3}$　$A \times \dfrac{1}{6} = B \times \dfrac{1}{3}$ より，

$A : B = \dfrac{1}{3} : \dfrac{1}{6} = 2 : 1$

(2)$B \times \dfrac{3}{5} = C \times \dfrac{1}{3}$ より，

$B : C = \dfrac{1}{3} : \dfrac{3}{5} = 5 : 9$

(3)(1)，(2)より，$A : B : C = 10 : 5 : 9$

水の量はそれぞれの容積の $\dfrac{2}{3}$ ずつ入っている

ので，3つの比は変わりません。

よって，それぞれの水の量は，

Aは，$120 \times \dfrac{10}{10+5+9} = 50$(L)

Bは，$120 \times \dfrac{5}{10+5+9} = 25$(L)

Cは，$120 \times \dfrac{9}{10+5+9} = 45$(L)

チャレンジテスト②　p.34〜35

1. 午前 11 時 58 分 30 秒
2. 42 枚
3. (1)分速 1000 m　(2)6400 m　(3)8 分後
   (4)30 分後
4. (1)3 人　(2)144 人
5. (1)12 通り　(2)2850 円
6. (1)6 個　(2)12 個

📖解き方

1. $15 \times 6 = 90$(秒) → 1 分 30 秒
   12 時 − 1 分 30 秒 = 11 時 58 分 30 秒
   よって，午前 11 時 58 分 30 秒

2. 20 秒間に，Aは 320 回転，Bは 280 回転します。
   歯数と回転数は反比例の関係にあるので，
   Aの歯数 = $48 \times \dfrac{280}{320} = 42$(枚)

3. (1)ふつう列車の速さは，
   $(5600 - 1600) \div 5 = 800$(m/分)
   急行列車とふつう列車の速さの差は，
   $(5600 - 5000) \div (8 - 5) = 200$(m/分)
   よって，$800 + 200 = 1000$(m/分)
   (2)8 分から 10 分の間に 2 つの列車のきょりが
   急速に縮まっていることから，8 分の時点で
   ふつう列車がC駅に着いたとわかります。
   よって，$800 \times 8 = 6400$(m)
   (3)$(1600 + 6400) \div 1000 = 8$(分後)
   (4)C駅で 2 分間停車するので，急行列車がC駅
   を出発するのは，ふつう列車がB駅を出発し
   てから，
   $5 + 8 + 2 = 15$(分後)

このとき，ふつう列車はC駅より東に，
$800 \times (15 - 10) = 4000$(m)の地点にいます。
$4000 \div 200 = 20$ より，急行列車がC駅を出
発してから 20 分後に追いつくので，
$15 + 20 - 5 = 30$(分後)

4. (1)サッカーとバスケットボールの比の差 1 につ
   き，$6 \div (5 - 3) = 3$(目もり)
   したがって，サッカーは，$3 \times 5 = 15$(目もり)
   野球は，$15 - 1 = 14$(目もり)で，これが 42 人
   を表しているので，$42 \div 14 = 3$(人)
   (2)(たっ球と水泳の合計) + 3×2(人)が，
   全体の $12.5 \times 2 = 25$(%)
   (サッカー，野球，バスケットボールの合計)
   − 6(人)が全体の 75% にあたります。
   サッカー 45 人，バスケットボール 27 人より，
   $45 + 42 + 27 - 6 = 108$(人)が全体の 75% に
   あたるので，
   $108 \div 0.75 = 144$(人)

5. (1)

7個入り	1	1	1	0	0	0	0	0	0	0	0	0
5個入り	1	0	0	2	1	1	1	0	0	0	0	0
3個入り	0	1	0	0	2	1	0	4	3	2	1	0
1個ずつ	0	2	5	2	1	4	7	0	3	6	9	12

よって，全部で，12 通り

(2)一番安くなるのは，7 個入りを多くする場合
です。
7 個入り 2 箱とバラ 1 個で，2790 円
7 個入り 1 箱，5 個入り 1 箱，3 個入り 1 箱で，
2830 円
7 個入り 1 箱，5 個入り 1 箱，バラ 3 個で，
2845 円
7 個入り 1 箱，3 個入り 2 箱，バラ 2 個で，
2865 円
5 個入り 3 箱で，2850 円
したがって，4 番目は 2850 円

6. (1)3 個以上の点が三角形の 1 つの辺上にあると，
   五角形ができません。したがって，AとDは頂
   点となりません。F，G，H，I から 2 個しか
   選べないので，Eは必ず頂点になります。
   F，G，H，I の 4 個から 2 個選ぶので，
   $4 \times 3 \div 2 = 6$(個)できます。
   (2)辺AD上から 1 個だけ頂点をとってできる五
   角形はありません。
   (1)より，BとCが頂点になる五角形は 6 個
   また，BとDとEが頂点になる五角形が 3 個
   CとDとEが頂点になる五角形が 3 個
   したがって，全部で 12 個

9 対称な図形

標準クラス　p.36〜37

1 (1)②, ③, ⑥, ⑦, ⑧, ⑨, ⑩
(2)⑤, ⑥, ⑦, ⑧, ⑨, ⑩
(3)③, ⑧, ⑨, ⑩
(4)①…(例)直角をはさむ2辺の長さを等しくする。
④…(例)向かい合う平行でない2辺の長さを等しくする。

2 (1)

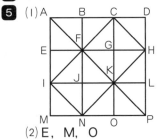

(2)36 cm

3 87°

4 8 cm

5 (1)

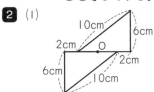

(2)E, M, O
(3)① 12個　② 40個

解き方

1
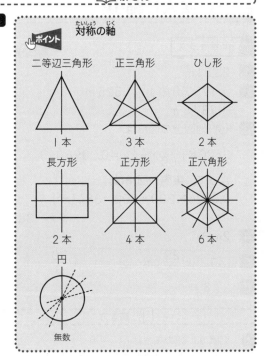

対称の軸

二等辺三角形	正三角形	ひし形
1本	3本	2本

長方形	正方形	正六角形
2本	4本	6本

円
無数

2 (2)(10+6+2)×2=36(cm)

3 右の図より、
角BDEは、
180°−108°=72°
角DBEは、
180°−(72°+79°)=29°
角あは、29°×3=87°

4 右の図で、○印のついた2つの直角二等辺三角形は合同なので、⑦の面積は色のついた正方形の面積の3倍になります。したがって、CDの長さは、
3×3=9(cm)
よって、ABの長さは、20−(3+9)=8(cm)

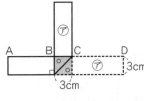

5 (2)折り目は対称の軸と考えられるので、(1)より、点Jと対応する点はまずE, G, M, Oとわかります。さらに、点Gと対応する点がB, D, 点Oと対応する点がLなので、全部でB, D, E, G, L, M, Oの7個できます。
(3)①三角形AFCと同じ大きさのものを数えます。
②三角形ABFと同じ大きさのものは18個
三角形AKCと同じ大きさのものは8個
三角形APDと同じ大きさのものは2個
①より、18+12+8+2=40(個)

10 拡大と縮小

標準クラス　p.38〜39

1 2.25 km²

2 (1)1250 分の 1　(2)325 m
(3)937.5 m²

3 (例)地図上の面積は，

$$2400×\frac{1}{500}×\frac{1}{500}=0.0096(m^2)$$

よって，実際の面積は，

$$0.0096×200×200=384(m^2)$$

答え　384 m²

4 24 分

5 (1)エ　(2)$\frac{20}{3}$ cm　(3)1 cm　(4)$\frac{70}{3}$ cm²

6 3：8

📖 解き方

1 実際の 1 辺の長さは，
6×25000＝150000(cm)より，1.5 km
よって，面積は，
1.5×1.5＝2.25(km²)

2 (1)50 m＝5000 cm なので，
5000÷4＝1250 より，1250 分の 1
(2)(7＋6)×2＝26(cm)
26×1250＝32500(cm)より，325 m
(3)3×4－2×3＝6(cm²)
6×1250×1250＝9375000(cm²)より，
937.5 m²

3 $\frac{1}{500}×200=\frac{2}{5}$ より，$2400×\frac{2}{5}×\frac{2}{5}=384(m^2)$
として求めてもかまいません。

4 実際の長さは，
8×20000＝160000(cm)より，1.6 km
よって，1.6÷4＝0.4(時間)より，24 分。

5 (2)三角形 E B M は直角をはさむ 2 辺の長さが
3 cm と 4 cm なので，3 辺の比が 3：4：5 の
直角三角形です。したがって，EM＝5 cm
EB：MC＝3：4 より，
EM：MH＝5：MH＝3：4
MH＝$\frac{20}{3}$(cm)
(3)HG＝8－$\frac{20}{3}=\frac{4}{3}$(cm)
HG：FG＝4：3 より，$\frac{4}{3}$：FG＝4：3
FG＝1(cm)

(4)$(1+5)×8÷2-1×\frac{4}{3}÷2$

$=\frac{70}{3}(cm^2)$

👉**ポイント**　特別な直角三角形の辺の比
直角三角形
A B C で，角Cが直角，
角Cをはさむ 2 辺の比
が 3：4 のとき，
A B：B C：A C
＝5：4：3

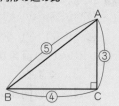

6 三角形 A F E は三角形 A B C の縮図なので，
A F：F E＝3：4＝A F：B F
辺 A F の長さは，$3×\frac{3}{3+4}=\frac{9}{7}$(cm)
辺 B F の長さは，$3-\frac{9}{7}=\frac{12}{7}$(cm)
三角形と正方形の面積の比は，
$\left(\frac{9}{7}×\frac{12}{7}÷2\right):\left(\frac{12}{7}×\frac{12}{7}\right)$
＝3：8

ハイクラス　p.40〜41

1 0.99 cm²

2 57.6 cm²

3 $\frac{845}{48}$ cm²

4 $\frac{16}{7}$ cm

5 425 cm

6 (1)8 m　(2)7.5 m²　(3)16 m

📖 解き方

1 1 km＝100000 cm より，縮尺は，
$5÷100000=\frac{1}{20000}$
39600 m²＝396000000 cm² なので，
$396000000×\frac{1}{20000}×\frac{1}{20000}=0.99(cm^2)$

2 右の図で，
A G：B G＝
20：12＝5：3
三角形 A F H と三
角形 A G B は相似
なので，

ＡＦ：ＨＦ＝２：ＨＦ＝５：３

ＨＦ＝２×３÷５＝1.2(cm)

ＣＨ＝６−1.2＝4.8(cm)

三角形ＣＥＨと三角形ＤＥＢは相似で，辺の長さの比は，６：12＝1：2

したがって，ＢＤ＝ＣＨ×２＝9.6(cm)

よって，求める面積は，

9.6×12÷2＝57.6(cm²)

相似
拡大図・縮図の関係にある２つの図形があるとき，この２つの図形は相似であるといいます。

3 右の図で，三角形ＢＤＥはＢＥ＝ＤＥの二等辺三角形なので，点Ｅからひいた辺ＢＤに垂直な直線と辺ＢＤが交わる点Ｆは，辺ＢＤの真ん中の点になります。

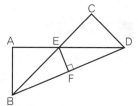

したがって，

$ＢＦ＝\frac{13}{2}$ cm

三角形ＢＦＥと三角形ＢＣＤは相似なので，

$ＢＦ：ＥＦ＝\frac{13}{2}：ＥＦ＝12：5$

$ＥＦ＝\frac{13}{2}×5÷12＝\frac{65}{24}$(cm)

よって，求める面積は，

$13×\frac{65}{24}÷2＝\frac{845}{48}$(cm²)

4 右の図で，三角形ＡＧＤは直角三角形なので，角ＤＡＧ＋角ＡＤＧ＝90°

また，角ＦＡＥ＋角ＤＡＧ＝90°なので，角ＦＡＥ＝角ＡＤＧ

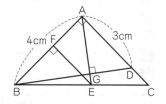

したがって，三角形ＡＢＤと三角形ＦＥＡは相似なので，ＥＦ：ＦＡ＝ＢＡ：ＡＤ＝４：３

三角形ＡＢＣと三角形ＦＢＥは相似なので，ＢＦ＝ＥＦより，

ＡＦ：ＢＦ＝ＡＦ：ＥＦ＝３：４

よって，$ＥＦ＝ＢＦ＝４×\frac{4}{3+4}＝\frac{16}{7}$(cm)

5 次の図より，

ＡＩ：ＩＧ＝50：40＝５：４

ＡＩ：(ＩＧ＋150)＝50：60＝５：６より，

ＩＧ：(ＩＧ＋150)＝４：６

したがって，150cmが②にあたります。

よって，$150×\frac{5}{2}+50＝425$(cm)

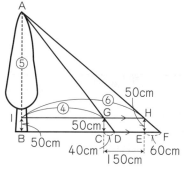

6 (1) ＤＡ：ＡＸ＝２：４＝１：２

三角形ＱＰＸと三角形ＤＡＸは相似なので，

ＱＰ：ＰＸ＝６：ＰＸ＝１：２

ＰＸ＝６×２＝12(m)

よって，ＰＡ＝12−４＝８(m)

(2) ＡＸ：ＰＸ＝２：６＝１：３

ＰＡ＝ＰＸ−ＡＸ＝３−１＝２

比の２が４ｍにあたるので，ＡＸ＝２ｍ

電灯とかげのようすを上から見ると，右の図のようになります。

三角形ＰＸＹと三角形ＰＡＢは相似なので，

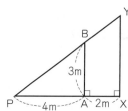

ＰＸ：ＸＹ＝６：ＸＹ＝４：３

ＸＹ＝６×３÷４＝4.5(m)

よって，求める面積は，

(3＋4.5)×２÷2＝7.5(m²)

(3) 電灯とかべの高さは変わらないので，ＰＡ：ＡＸ＝２：１は常に変わりません。

したがって，ＸＹの長さは4.5ｍで一定です。

(3＋4.5)×ＡＸ÷2＝7.5×４より，

ＡＸ＝８(m)

よって，ＰＡ＝８×２＝16(m)

11 円の面積

標準クラス　　　　　　　　　　　p.42～43

1 56.52 cm²

2 18.24 cm²

3 42.39 cm²

4 228 cm²

⑤ 18.84 cm²

⑥ 18.84 cm²

⑦ 7.85 cm

⑧ $\dfrac{157}{3}$ cm²

⑨ 9.18 cm²

📖 **解き方**

① $(12 \times 12 - 6 \times 6) \times 3.14 \times \dfrac{60}{360}$
$= 56.52 \,(\text{cm}^2)$

② $4 \times 4 \times 3.14 - 8 \times 8 \div 2$
$= 50.24 - 32$
$= 18.24 \,(\text{cm}^2)$

③ 半径 3 cm の円の 1.5 個分になります。
$3 \times 3 \times 3.14 \times 1.5 = 42.39 \,(\text{cm}^2)$

④ 右の図で，色のついた 2 つの部分は合同なので，求める面積は，
$20 \times 20 - (20 \times 20 - 10 \times 10 \times 3.14) \times 2$
$= 228 \,(\text{cm}^2)$

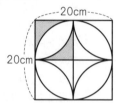

⑤ 右の図のように，問題の図の色のついた部分を 1 か所に集めると，半径 6 cm，中心角 60° のおうぎ形になります。
$6 \times 6 \times 3.14 \times \dfrac{60}{360}$
$= 18.84 \,(\text{cm}^2)$

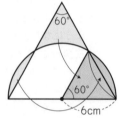

⑥ 右の図のように，問題の図の色のついた部分を 1 か所に集めると，半径 6 cm の円の $\dfrac{1}{6}$ になります。
$6 \times 6 \times 3.14 \times \dfrac{1}{6}$
$= 18.84 \,(\text{cm}^2)$

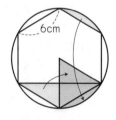

⑦ ㋐と㋑の面積が等しいとき，それぞれに白い部分を加えてできる半円と直角三角形の面積も等しくなります。
$5 \times 5 \times 3.14 \div 2 = \text{AB} \times 10 \div 2$
$\text{AB} = 78.5 \div 10 = 7.85 \,(\text{cm})$

⑧ 右の図で，色のついた 2 つの三角形の面積は等しいので，㋐と㋑の面積の差は，それぞれに色のついた三角形を加えてできる中心角 120° のおうぎ形と中心角 60° のおうぎ形の面積の差に等しくなります。

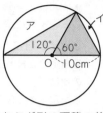

よって，
$10 \times 10 \times 3.14 \times \left(\dfrac{120}{360} - \dfrac{60}{360} \right) = \dfrac{157}{3} \,(\text{cm}^2)$

⑨ $10 \times 10 \div 2 - (6 \times 6 + 4 \times 4) \times 3.14 \div 4$
$= 9.18 \,(\text{cm}^2)$

➡️ **ハイクラス** p.44〜45

① だいきさん…（例）㋐から㋒をひいた残りの直角三角形を㋑の横に移して，半径 6 cm の円の $\dfrac{1}{6}$ のおうぎ形の面積を求める。

みおさん …（例）㋐と㋑の和に白い直角三角形 2 つを加えてできる円の $\dfrac{1}{6}$ のおうぎ形 2 つ分から，㋒に白い直角三角形 2 つを加えてできる円の $\dfrac{1}{6}$ のおうぎ形の面積をひいて求める。

② 43.96 m²

③ (1) 3 cm　(2) 9 : 2

④ 37.8 cm²

⑤ 43 cm²

⑥ (1) 20 cm　(2) 228 cm²

⑦ 64 cm²

📖 **解き方**

①

> 👆**ポイント** そのままでは図形が複雑で面積の差が求めにくい場合，面積の等しい部分をそれぞれに加えて，面積を求めやすい形にします。

② 犬が動けるはん囲は，右の図の色のついた部分なので，
$4 \times 4 \times 3.14 \times \dfrac{3}{4}$
$+ 2 \times 2 \times 3.14 \times \dfrac{1}{4} \times 2$

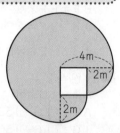

=43.96(m²)

3 (1)右の図で，三角形ＡＢＣ
と三角形ＡＤＥは相似
で，どちらも正三角形の
半分の直角三角形です。
したがって，
ＡＤ：ＤＥ＝ＡＢ：ＢＣ
＝2：1
18：ＢＣ＝2：1より，
ＢＣ＝ＢＦ＝9(cm)
ＤＦ＝ＤＥなので，
ＡＤ：ＤＦ＝ＡＤ：ＤＥ＝2：1
ＡＦ＝18－9＝9(cm)なので，
ＤＦ＝9×$\frac{1}{2+1}$＝3(cm)

(2)(1)より，あは半径9cmで中心角60°のおうぎ
形，いは半径3cmで中心角120°のおうぎ
形なので，

あ：い＝$\left(9×9×3.14×\frac{60}{360}\right)$

　　　：$\left(3×3×3.14×\frac{120}{360}\right)$

　　＝(9×9)：(3×3×2)

　　＝9：2

4 右の図のようになるので，
半径10cm，中心角27°
＋45°＝72°のおうぎ
形から，正方形の半分をひ
きます。

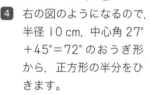

10×10×3.14×$\frac{72}{360}$

　－10×10÷2÷2

　＝37.8(cm²)

5 正方形の面積が200cm²より，正方形の対角線
の長さを□cmとすると，
　□×□÷2＝200
　　□×□＝400
　　　□＝20
円の半径は，20÷4＝5(cm)
200－5×5×3.14×2＝43(cm²)

6 (1)正方形ＡＢＣＤを45°回
転させると右の図のよ
うになるので，正方形
ＡＢＣＤの面積は正方形
ＰＱＲＳの半分で400
cm²とわかります。よっ
て，ＡＢの長さは20cm

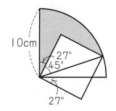

(2)色のついた部分は，半
径10cmの円から対角
線の長さが20cmの正
方形を除いた部分の2
倍です。

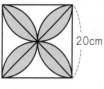

(10×10×3.14－20×20÷2)×2
　＝228(cm²)

7 正方形ＡＢＣＤの
面積は，
8×8＝64(cm²)
右の(図1)のよう
に，円の半径ＡＯ
の長さを$x$cmと
すると，

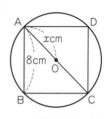

（図1）

$x×2×x×2÷2＝64$より，$x×x＝32$
したがって，円の面積は，
32×3.14＝100.48(cm²)
右の(図2)で色の
ついた部分の面積
は，

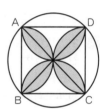

（図2）

(4×4×3.14
－8×8÷2)×2
＝36.48(cm²)
よって，求める部分の面積は，
100.48－36.48＝64(cm²)

---

12 複雑な図形の面積

標準クラス　　　　　　　　　　　　p.46～47

1 (例)地図上の長方形の縦が3.5cm，横が
1.7cmなので，実際の縦の長さは，
3.5×2500000÷100000＝87.5(km)
横の長さは，
1.7×2500000÷100000＝42.5(km)
よって，面積は，
87.5×42.5＝3718.75より，3718.8km²
　　　　　　　答え　およそ3718.8km²

2 32.125cm²

3 37.68cm²

4 24.5cm²

5 10.26cm²

6 30cm²

7 9cm²

8 47.52cm²

9 13.92cm²

1 長方形の縦と横の長さを測り，縮尺から実際の縦と横の長さを求めます。面積を計算して，答えを小数第一位までで表します。

2 右の図のように，求める部分は縦5cm，横10cmの長方形と半径5cmの $\frac{1}{4}$ 円の和から底辺15cm，高さ5cmの直角三角形を除いた部分になります。

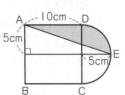

$5×10+5×5×3.14÷4-15×5÷2$
$=32.125(cm^2)$

3 求める部分は，正方形の半分の直角二等辺三角形2つ分と半径12cm，中心角30°のおうぎ形の和から正方形を除いた部分なので，おうぎ形の面積に等しくなります。

よって，$12×12×3.14×\frac{30}{360}=37.68(cm^2)$

4 右の図のように，円にぴったり内接する六角形EFGHIJについて，直角三角形OKEの3辺の長さは，
OK=3cm，
KE=4cm，
OE=5cm
です。
したがって，
EF=8cm

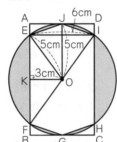

六角形EFGHIJの面積は，底辺8cm，高さ3cmの三角形2つ分と，対角線の長さが5cm，6cmのたこ形2つ分の和に等しくなります。
$5×5×3.14-8×3÷2×2-5×6÷2×2$
$=24.5(cm^2)$

5 アとイにそれぞれ右の色のついた部分を加えると，おうぎ形ABCと直角二等辺三角形ABDになるので，求める差は，

$6×6×3.14÷4-6×6÷2$
$=10.26(cm^2)$

6 色のついた部分のそれぞれの三角形について，底辺がEF上にあると見て等積

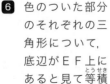

変形すると，左下の図のように平行四辺形の半分になります。
$10×6÷2=30(cm^2)$

> 👆ポイント **等積変形**
>
> 底辺が共通で高さの等しい三角形の面積は等しくなります。
> 三角形ABP＝三角形ABP′＝三角形ABP″

7 色のついた部分を移動すると，右の図のように，1辺6cmの正方形の半分の直角二等辺三角形から対角線の長さが6cmの正方形の半分の直角二等辺三角形を除いた部分になるので，

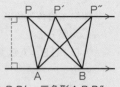

$6×6÷2-6×6÷2÷2=9(cm^2)$

8 色のついていない三角形は，右の図のようになります。
三角形ABCは1辺6cmの正三角形の半分なので，
AB=3cm
したがって，色のついていない三角形の面積は，
$6×3÷2=9(cm^2)$

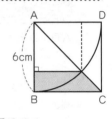

よって，求める面積は，
$6×6×3.14÷2-9=47.52(cm^2)$

9 色のついた部分を三角形OECとおうぎ形OEDに分けて面積を求めます。
角COE＝角EOD＝90°÷3=30°
三角形OECの底辺をOCとすると，高さは右の図のEFにあたるので，
$6÷2=3(cm)$

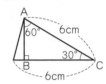

よって，求める面積は，
$3×3÷2+6×6×3.14$
$×\frac{30}{360}=13.92(cm^2)$

➡ **ハイクラス** p.48〜49

1 $6055\ cm^2$

2 $9.42\ cm^2$

3 $70\ cm^2$

4 $38.1\ cm^2$

5 $45.42\ cm^2$

6 $103.65\ cm^2$

7 (1)$65.04\ cm^2$ (2)$4\ cm$

8 ア 2400　イ 16

9 4 cm²

```
📖 解き方
```

1 右の図のように，重なってい
る部分が I 辺 I cm の正方形
と考えます。重なりは，2018
− I ＝2017(か所)できるので，
2×2×2018−1×1×2017＝6055(cm²)

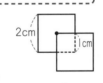

2 右の図で，三角形ＯＡＢと
三角形ＯＣＤの面積は等し
くなるので，⑦と⑦の部分
の面積も等しくなります。
したがって，色のついた部
分の面積は，中心角 30°の
おうぎ形の面積と等しくなります。

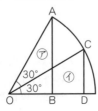

$6×6×3.14×\dfrac{30}{360}=9.42(cm²)$

3 右の図で，ＯＡ＝ＯＣ
＝13cm,
角ＡＢＯ＝角ＣＤＯ
＝90°,
ＯＢ＝ＯＤ＝12cm より，
直角三角形ＡＢＯとＣＤＯは合同です。したがっ
て，ＣＤ＝5cm なので，求める面積は，
7×(5×2)＝70(cm²)

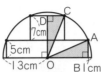

4 右の図で，
ＯＡ＝ＯＢより，
角ＯＡＢ
＝角ＯＢＡ＝15°
角ＡＯＢ＝180°
−(15°+15°)＝150°
角ＣＯＢ＝180°−150°＝30°
三角形ＯＣＢは正三角形の半分なので，
ＢＣ＝6÷2＝3(cm)
したがって，求める部分は，半径 6cm, 中心角
150°のおうぎ形から，底辺 6cm, 高さ 3cm の
三角形ＯＡＢを取り除いた部分になります。

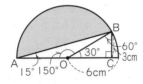

よって，$6×6×3.14×\dfrac{150}{360}−6×3÷2$
$=38.1(cm²)$

5 右の図のように，ＯＢ，ＯＣ
を結ぶと，角ＡＯＢ＝角
ＢＯＣ＝角ＣＯＤ＝30°
三角形ＣＨＯは正三角形
の半分なので，
ＣＨ＝12÷2＝6(cm)
したがって，求める部分は，底辺と高さが 6 cm

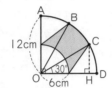

の三角形 2 つ分と半径 12 cm，中心角 30°のお
うぎ形をたしたものから，半径 6 cm, 中心角 90°
のおうぎ形を除いた部分になります。

よって，$6×6÷2×2+12×12×3.14×\dfrac{30}{360}$

$−6×6×3.14×\dfrac{90}{360}$

$=45.42(cm²)$

6 半円の半径は，26÷2＝13(cm)なので，
半円の面積＝13×13×3.14÷2＝265.33(cm²)
直角三角形の面積＝26×15÷2＝195(cm²)
差は，265.33−195＝70.33(cm²)で，これは
⑦の部分と⑦の部分の面積の差です。和差算の考
え方から，⑦の部分の面積は，
(136.97+70.33)÷2＝103.65(cm²)

```
👆ポイント    和差算
大，小
2 つの数があると
き，
大＝(和＋差)÷2
小＝(和−差)÷2
```

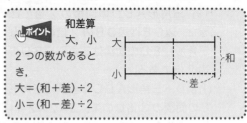

7 (1) $12×12×3.14×\dfrac{90}{360}−4×4−4×8÷2×2$
$=65.04(cm²)$

(2) 右の図の®の部分の面
積が(1)と等しくなるに
は，三角形ＭＯＱと(1)
で色のついていない部
分の面積が等しければ
よいので，
ＭＯ×12÷2＝4×4+4×8÷2×2
　　ＭＯ×6＝48
　　　ＭＯ＝8(cm)
　　よって，ＰＭ＝12−8＝4(cm)

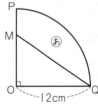

8 右の図のように，
頂点Ｃから辺ＡＤ
に平行な直線ＣＥ
をひくと，三角形
ＡＧＣと三角形Ａ
ＧＥの面積は等しくなります。したがって，花だ
んの面積は，
三角形ＡＤＦ＋三角形ＡＥＦ
＝(150−70)×60÷2＝2400(m²)
よって，辺ＡＢの長さは，2400÷150＝16(m)

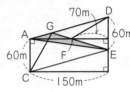

9 ODをのばし，三角形OB
Cと合同な三角形OAE
をかきます。
三角形ODAの底辺１cm，
高さ２cm より，
１×２÷２＋２×３÷２
＝４（cm²）

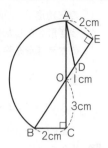

---

13 図形の面積比

1 (1)ア ED F　イ ED　ウ BF　エ３

(2)(例)三角形ABDの面積の２倍である。
また，辺CEは辺CBの２倍の長さなので，
三角形CEDの面積は三角形CBDの面積
の２倍である。
(1)より，三角形ABDの面積は三角形AB
Fの面積の３倍なので，３×２×２＝１２よ
り，三角形DECの面積は三角形ABFの
面積の１２倍。

答え　１２倍

2 (1)１：２　(2)１２cm　(3)３：３：２

3 (1)$\frac{27}{4}$cm²　(2)$\frac{9}{2}$cm²

4 (1)80cm²　(2)9cm　(3)6cm

5 31cm²

📖 解き方

1

辺の比と面積の比
２つの三角形の高
さが等しいとき，面積の比は
底辺の比と等しくなります。

2 (2)三角形FADと三角形FDBは高さが等しい
ので，(1)より，AD：BD＝１：２
AD：８＝１：２　AD＝４（cm）
AB＝AD＋BD＝４＋８＝１２（cm）

(3)三角形ABFと三
角形AFCの面積
の比は３：１なの
で，
BF：FC＝３：１
三角形DBEと三

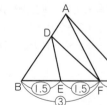

角形DEFの面積は等しいので，BE＝EF
よって，
BE：EF：FC＝1.5：1.5：1＝３：３：２

3 (1)点Eから辺AD
に平行な直線を
ひき，辺CDと
交わる点をHと
すると，四角形
AEHDは平行四辺形ABCDの半分の平行
四辺形になります。

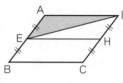

よって，求める面積は，27÷２÷２＝$\frac{27}{4}$（cm²）

(2)点Fから辺AB
に平行な直線を
ひき，DEと交
わる点をIとし
ます。

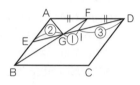

三角形FIDと三角形AEDは相似なので，
FI：AE＝DI：DE＝FD：AD
＝１：２…①
AE＝BEより，FI：BE＝１：２
三角形FGIと三角形BGEは相似なので，
GI：GE＝FI：BE＝１：２…②
①，②より，DI：IG：GE＝３：１：２
したがって，三角形AEGの面積は，
$\frac{27}{4}×\frac{2}{3+1+2}=\frac{9}{4}$（cm²）
三角形AGFの面積は，
$\left(\frac{27}{4}-\frac{9}{4}\right)÷２=\frac{9}{4}$（cm²）
よって，求める面積は，$\frac{9}{4}+\frac{9}{4}=\frac{9}{2}$（cm²）

4 (1)PC＝12－４＝８（cm）なので，
（12＋８）×８÷２＝80（cm²）

(2)長方形ABCDの面積は，８×12＝96（cm²）
三角形ABPの面積は，96×$\frac{3}{3+5}$＝36（cm²）
よって，BP＝36×２÷８＝９（cm）

(3)三角形ABDの面積は，
96÷２＝48（cm²）
三角形ABEと三角形
ABDの底辺をそれぞ
れBE，BDとすると
高さが等しいので，底辺の比は面積の比に等
しく，
BE：BD＝16：48＝１：３
したがって，BE：DE＝１：２
三角形BPEと三角形DAEは相似なので，
BP：DA＝BE：DE＝１：２

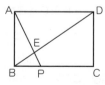

よって，$BP = DA \times \dfrac{1}{2} = 12 \times \dfrac{1}{2} = 6\,(\text{cm})$

5 三角形NBCの
面積は，

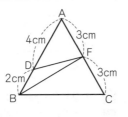

$12 \times 10 \times \dfrac{1}{4} \div 2$

$= 15\,(\text{cm}^2)$

点Eから辺AD
に平行な直線を
ひき，辺CDと交わる点をRとすると，三角形B
ENの面積は平行四辺形BCREの半分になるの
で，三角形QBNの面積は，

$12 \times 10 \times \dfrac{4}{5} \div 2 \times \dfrac{1}{3} = 16\,(\text{cm}^2)$

よって，$15 + 16 = 31\,(\text{cm}^2)$

▶ **ハイクラス**

p.52〜53

1 ア1：3　イ7：36

2 103 cm²

3 16 cm

4 2：9

5 12 cm

6 27 cm²

7 (1)ア3　イ3　(2)1：7　(3)$\dfrac{120}{7}$ cm²

📖 **解き方**

1 右の図のようにBFを
ひくと，三角形ABF
は三角形ABCの$\dfrac{1}{2}$で
す。三角形ADFは三
角形ABFの$\dfrac{4}{2+4} =$

$\dfrac{2}{3}$なので，三角形ABCの$\dfrac{1}{2} \times \dfrac{2}{3} = \dfrac{1}{3}$になりま
す。

同じように考えて，

三角形BDEは三角形ABCの$\dfrac{1}{1+5} \times \dfrac{2}{2+4} = \dfrac{1}{18}$

三角形CEFは三角形ABCの$\dfrac{5}{5+1} \times \dfrac{3}{3+3} = \dfrac{5}{12}$

よって，三角形DEFは三角形ABCの

$1 - \left(\dfrac{1}{3} + \dfrac{1}{18} + \dfrac{5}{12} \right) = \dfrac{7}{36}$にあたるので，面積比
は7：36になります。

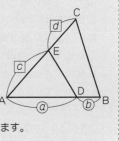

ポイント **2辺の比と面積比**

右の図の
ような2つの三角形
ADEとABCで，
$AD：DB = a：b$
$AE：EC = c：d$
のとき，三角形AD
Eは三角形ABCの
$\dfrac{a}{a+b} \times \dfrac{c}{c+d}$（倍）になります。

2 三角形HBGは
三角形ABCの

$\dfrac{7}{7+5} \times \dfrac{1}{1+2}$

$= \dfrac{7}{36}$なので，

三角形ABCの面積は，

$14 \times \dfrac{36}{7} = 72\,(\text{cm}^2)$

三角形ACDと三角形CABは合同なので，
三角形DEFの面積は，

$72 \times \dfrac{5}{5+3} \times \dfrac{3}{3+2} = 27\,(\text{cm}^2)$

よって，求める面積は，

$72 \times 2 - (14 + 27) = 103\,(\text{cm}^2)$

3 三角形ABDと三角形CBDの面積比は1：6

なので，$AD = 35 \times \dfrac{1}{1+6} = 5\,(\text{cm})$

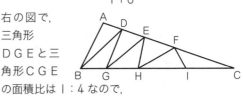

右の図で，
三角形
DGEと三
角形CGE
の面積比は1：4なので，

$DE = (35-5) \times \dfrac{1}{1+4} = 6\,(\text{cm})$

三角形EHFと三角形CHFの面積比は1：2な

ので，$CF = (35-5-6) \times \dfrac{2}{1+2} = 16\,(\text{cm})$

4 右の図で，辺AB
上にある辺を底辺
とすると，
㋐と㋤の底辺の比
は，2：4 = 1：2
三角形ADEと三
角形ACGは相似なので，

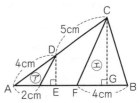

㋐と㋤の高さの比は，$DE：CG = DA：CA =$
4：(4+5) = 4：9
よって，㋐と㋤の面積の比は，
$(1 \times 4)：(2 \times 9) = 2：9$

5 ⑦と①は縦の長さが等しい
ので，面積の比3：1は横
の長さの比になります。ま
た，⑦と①は横の長さが等
しいので，面積の比2：1
は縦の長さの比になります。

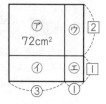

したがって，
①＝72÷2＝36（cm²），
⑦＝72÷3＝24（cm²），①＝24÷2＝12（cm²）
正方形の面積は，72＋36＋24＋12＝144（cm²）
144＝12×12より，1辺の長さは12cm

6 辺BD：辺DC
＝3：2より，
三角形ABDの
面積は全体の $\frac{3}{5}$，

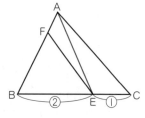

三角形AEDは，$\frac{3}{5}-\frac{2}{5}=\frac{1}{5}$

したがって，AE：EB＝1：2より，
AE＝9（cm）

三角形ADCの面積は全体の $\frac{2}{5}$，三角形ADFは，

$\frac{2}{5}-\frac{1}{5}=\frac{1}{5}$

したがって，AF＝FCより，AF＝6cm
よって，求める面積は，9×6÷2＝27（cm²）

7 (1)右の図のように
AEをひくと，
三角形ABEの
面積は三角形
ABCの $\frac{2}{3}$ です。

三角形BEFは

三角形ABCの $\frac{1}{2}$ なので，FBはABの，$\frac{1}{2}$

$\div\frac{2}{3}=\frac{3}{4}$ にあたります。よって，AF：FB
＝1：3

同じように，ADをひいて考えると，
AG：GC＝1：3
したがって，右
の図のように，
三角形AFGは
三角形ABCの
$\frac{1}{4}$ の縮図になる
ので，FG＝12

$\times\frac{1}{4}=3$（cm）

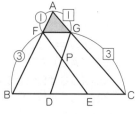

(2)三角形PDEと三角形PGFは相似なので，
PE：PF＝DE：GF＝4：3
三角形BEFの面積は
三角形ABCの $\frac{1}{2}$ なの
で，三角形PDEは三
角形ABCの $\frac{1}{2}\times\frac{1}{1+1}$

$\times\frac{4}{4+3}=\frac{1}{7}$

よって，三角形PDE：三角形ABC＝1：7
(3)(1)より，三角形AFGと三角形ABCの面積比は，
（1×1）：（4×4）＝1：16
したがって，三角形ABCの面積は，
3×16＝48（cm²）
(2)より，三角形PDEの面積は，

$48\times\frac{1}{7}=\frac{48}{7}$（cm²）

よって，求める面積は，
三角形BEF－三角形PDE

$=48\div2-\frac{48}{7}=\frac{120}{7}$（cm²）

14 図形の移動

標準クラス p.54～55

1 (1)37.68 cm　(2)39.25 cm²

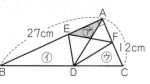

2 (1)28.26 cm　(2)113.04 cm²
3 (1)65 cm²　(2)3.6 秒後　(3)8.4 秒後
4 (1)8 秒後
　(2)3秒後から5秒後まで，面積1 m²

📖 **解き方**

1 (1)点Pは，回転の中心になるときは移動しない
ことを考えて順に移動させます。
半径4 cm，3 cm，5 cmの半円の和になるので，
（4＋3＋5）×2×3.14÷2
＝37.68（cm）
(2)点Pが1周してできる図形の面積は，
（4×4＋3×3＋5×5）×3.14÷2
＋6×8÷2＝102.5（cm²）

点Qが1周してでき
る図形の面積は，
2.5×2.5×3.14
×2＋3×4×2
＝63.25(cm²)
102.5－63.25＝39.25(cm²)

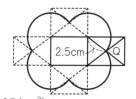

2 (1)右の図のよう
に，おうぎ形
O′A′Bの位置
にくるまでは，

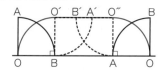

点Bを中心にして半径BOの $\frac{1}{4}$ 円になります。

その後，おうぎ形O″A′B′の位置にくるまでは
直線とのきょりは半径O′Bで一定なので，弧
BAの長さの直線になります。その後，終わり
の位置にくるまでは，点Aを中心に半径AO
の $\frac{1}{4}$ 円になります。よって，求める長さは，
弧ABの長さの3つ分に等しいので，
6×2×3.14÷4×3＝9.42×3
＝28.26(cm)

(2)6×6×3.14÷4×2＋6×9.42
＝113.04(cm²)

3 (1)12×2－2×7＝10より，AP＝10cm
3×7－18＝3より，BQ＝3cm
よって，(10＋3)×10÷2＝65(cm²)

(2)□秒後に長方形になるとします。
12÷2＝6より，出発してから6秒後までの間，
AP＝2×□，BQ＝18－3×□
と表すことができます。四角形ABQPが長
方形になるのはAP＝BQのときなので，
2×□＝18－3×□
5×□＝18　□＝3.6
3.6は6以下なので，条件に合います。
よって，3.6秒後。

(3)□秒後に2回目に長方形になるとします。
12×2÷2＝12より，出発して6秒後から
12秒後までの間，
AP＝12×2－2×□，BQ＝3×□－18
と表すことができるので，
12×2－2×□＝3×□－18
24＋18＝(3＋2)×□　□＝8.4
8.4は6以上12以下なので，条件に合います。
よって，8.4秒後

4 (1)はじめて4m²にな
るのは，右の図の
ときです。色のつ
いた部分の三角形
はすべて直角二等辺三角形なので，
DE＝2m
よって，AE＝8mなので，8÷1＝8(秒後)

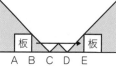

(2)板が右の図の
アの位置にき
たときからイ
の位置にくる

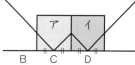

ときまでの間は，かべと板が重なる部分の減
る面積と増える面積が等しくなり，面積が一
定になります。
アの位置は，板の左下の角がBCの真ん中に
くるときなので3秒後。イの位置は，そこか
ら2m進んだ位置なので5秒後です。
重なる部分の面積は，
1×1÷2×2＝1(m²)

▶ ハイクラス　　　　　　　　p.56～57

1 251.2 cm²

2 (1)① 15.7 cm　② 126.5 cm²
(2)20.41 cm　(3)299.26 cm²

3 (1)12秒後　(2)76 cm²

4 (1)2　(2)15.5　(3)73 cm²

📖 解き方

1 求める部分は，右の
図で色のついた部分
になります。半径4cm
の半円4つ分と，半
径8cmの $\frac{1}{4}$ 円から

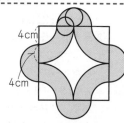

半径4cmの $\frac{1}{4}$ 円を除いた形4つ分の面積なので，
4×4×3.14÷2×4＋(8×8－4×4)
×3.14× $\frac{1}{4}$ ×4＝251.2(cm²)

2 (1)①右の(図5)
より，
10×2×3.14
× $\frac{90}{360}$
＝15.7(cm)
②10×10×

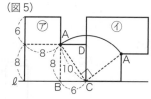

(図5)

$$3.14 \times \frac{90}{360} + 6 \times 8 \div 2 \times 2 = 126.5 \,(\text{cm}^2)$$

(2) 右の（図6） （図6）
より，

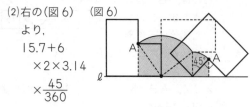

$$15.7 + 6$$
$$\times 2 \times 3.14$$
$$\times \frac{45}{360}$$
$$= 20.41 \,(\text{cm})$$

(3) 同じように図にかいて考えると，求める部分は上の（図6）で色のついた部分2つ分になります。

よって，その面積は，

$$\left(126.5 + 6 \times 6 \times 3.14 \times \frac{45}{360} + 6 \times 6 \div 2 \div 2\right)$$
$$\times 2 = 299.26 \,(\text{cm}^2)$$

3 (1) グラフより，点Pは出発して6秒後に点Bに，8秒後に点Eに着いていることがわかります。
したがって，BE＝2×(8−6)＝4(cm)
三角形ABEの面積は，
(2×6)×4÷2＝24(cm²)なので，三角形APEの面積が48cm²となるのは8秒後より後になります。グラフより，点Pが点Cに着いたときの三角形APEの面積が72cm²なので，48cm²になるとき，点PはEC上にあるとわかります。このときの三角形APEの底辺をEPとすると，高さは12cmになるので，
EP＝48×2÷12＝8(cm)
したがって，点Pが点Eに着いてから，
8÷2＝4(秒後)なので，
8＋4＝12(秒後)

(2) 三角形AECの面積が72cm²なので，
EC＝72×2÷12＝12(cm)
したがって，BC＝4＋12＝16(cm)
2×15−12−16＝2より，点Pは辺CD上にあり，CP＝2cm
よって，求める面積は，

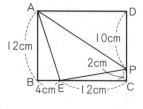

$$12 \times 16 - (4 \times 12$$
$$\div 2 + 12 \times 2 \div 2$$
$$+ 16 \times 10 \div 2)$$
$$= 76 \,(\text{cm}^2)$$

4 (1) グラフより，
右の（図3）
のときにAとB
が重なる部分
の面積は18
cm²なので，

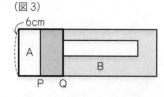

PQ＝18÷6
＝3(cm)
また，（図4）のときに重なる部分の面積は30cm²，
QR＝6−3＝3
(cm)なので，
(30−18)÷3＝4より，
ア＝6−4＝2

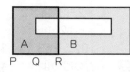

(2) 重なり始めて19秒後には右の（図5）のようになります。このとき
重なる部分の面積は15cm²なので，
ST＝15÷6＝2.5(cm)
TU＝6−2.5＝3.5(cm)
したがって，イはこの3.5秒前なので，
イ＝19−3.5＝15.5

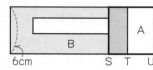

(3) 重なり始めて6秒後から19秒後までの13秒間で，Aは右の（図6）のように動きます。したがって，
RS＝13−6＝7(cm)
QS＝3＋7＝10(cm)
よって，Bの面積は，
6×(6＋7＋2.5)−2×10＝73(cm²)

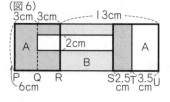

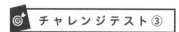

チャレンジテスト③
p.58〜59

① (1) 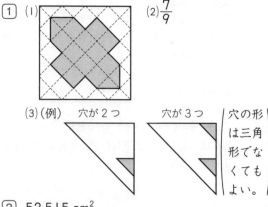　(2) $\frac{7}{9}$

(3) (例)　穴が2つ　穴が3つ　穴の形は三角形でなくてもよい。

② 52.515 cm²

③ (1) 4 : 9　(2) 7.85 cm²

4 (1)$6\dfrac{1}{5}$ m (2)$6\dfrac{2}{3}$ m

📖 解き方
---

1 (2)紙を折ってできた直角二等辺三角形は，その各辺を3等分してできる小さな直角二等辺三角形9つ分の大きさです。このうち2つ分を切り取るので，残りは，$1-\dfrac{2}{9}=\dfrac{7}{9}$

2 円の中心をOとします。色のついた部分は，右の図の三角形AOCとおうぎ形OABをたしたものから三角形OBCを除いた部分です。
三角形DCOは正三角形DEOの半分の直角三角形なので，OC＝OE÷2＝4.5(cm)
したがって，三角形AOCの面積は，
$4.5×9÷2=20.25(cm^2)$
三角形OBCの底辺をOCとすると，高さはBHになります。三角形BHOも30°，60°，90°の直角三角形なので，BH＝OB÷2＝4.5(cm)
したがって，三角形OBCの面積は，
$4.5×4.5÷2=10.125(cm^2)$
おうぎ形OABの中心角は60°なので，面積は，
$9×9×3.14×\dfrac{60}{360}=42.39(cm^2)$
よって，色のついた部分の面積は，
$20.25+42.39-10.125=52.515(cm^2)$

3 (1)三角形CODと三角形EFOは合同なので，右の図の㋐と㋑の面積は等しくなります。よって，色のついた部分の面積は，おうぎ形ODFの面積と等しくなるので，面積の比は，
$(90-25×2):90$
$=4:9$
(2)・のついた部分はすべて18°です。
(1)と同じように考えると，CD，IC，IJ，弧DJで囲まれた部分の面積は，OJ，OD，弧DJで囲まれた部分の面積に等しく，$\dfrac{1}{4}$円の$18×3÷90=\dfrac{3}{5}$
また，EF，GE，GH，弧FHで囲まれた白

い部分の面積は，OH，OF，弧FHで囲まれた部分の面積に等しく，$\dfrac{1}{4}$円の$\dfrac{1}{5}$より，
$5×5×3.14×\dfrac{1}{4}×\left(\dfrac{3}{5}-\dfrac{1}{5}\right)=7.85(cm^2)$

4 (1)かげは，右の図のBからDまでです。
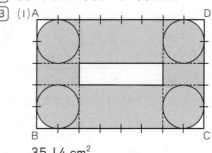
DE＝3 m
DE：EC
＝AB：BC
＝5：8
$EC=3×\dfrac{8}{5}$
$=4\dfrac{4}{5}(m)$
$BE=8-4\dfrac{4}{5}=3\dfrac{1}{5}(m)$
$3+3\dfrac{1}{5}=6\dfrac{1}{5}(m)$
(2)かげは上の図のBからQまでで，
$QR=\dfrac{23}{4}-5=\dfrac{3}{4}(m)$
$AS=5-\left(2+\dfrac{3}{4}\right)=\dfrac{9}{4}(m)$
$AB:BP=AS:SQ=\dfrac{9}{4}:3=3:4$
$BP=5×\dfrac{4}{3}=6\dfrac{2}{3}(m)$

🎯 チャレンジテスト④   p.60〜61

1 (1)$\dfrac{1}{2}$倍 (2)$\dfrac{1}{30}$倍
2 (1)16 cm² (2)6：5 (3)3 cm²
3 (1)
35.14 cm²
(2)6.58 cm²
4 (1)8 cm
(2)ア 16 イ 36 ウ 42 エ 12
(3)33秒後

1 (1)直線ＤＦをひ
くと，四角形
ＡＤＦＥは平
行四辺形にな
ります。点Ｈ
は平行四辺形の２本の対角線が交わる点なの
で，ＡＨ＝ＦＨ

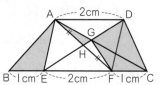

したがって，三角形ＡＧＨと三角形ＦＧＨの
面積は等しくなります。

また，三角形ＡＢＥと三角形ＡＥＦの面積比は，
底辺の長さの比ＢＥ：ＥＦ＝１：２で，
ＡＨ＝ＦＨより，三角形ＥＦＨ：三角形ＡＥＦ
＝１：２なので，三角形ＡＢＥと三角形ＥＦＨ
の面積は等しくなります。

これらのことから求める部分の面積は，三角形
ＣＤＥの面積に等しくなります。三角形を上
底が０ｃｍの台形と考えると，三角形ＣＤＥと
台形ＡＢＣＤは高さが等しいので面積比は
(上底＋下底)の長さの比になります。

三角形ＣＤＥ：台形ＡＢＣＤ
＝(0+3)：(2+4)＝１：２

よって，$\frac{1}{2}$ 倍です。

(2)三角形ＡＤＧと三角形ＣＥＧは相似になり，
ＡＧ：ＣＧ＝ＡＤ：ＣＥ＝２：３

三角形ＡＣＦ：台形ＡＢＣＤ
＝(0+1)：(2+4)＝１：６

三角形ＡＧＦは三角形ＡＣＦの$\frac{2}{2+3}＝\frac{2}{5}$で，

三角形ＦＧＨはその半分なので$\frac{1}{5}$

よって，$\frac{1}{6}×\frac{1}{5}＝\frac{1}{30}$(倍)

2 (1)右の図で，色の
ついた正三角形
の面積は，正六

角形の$\frac{1}{6}$なので

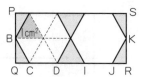

１ｃ㎡です。長方形の内側で正六角形以外の

部分は，これと同じ正三角形が２つと正三角

形の$\frac{1}{2}$の直角三角形が４つあるので，長方形

ＰＱＲＳの面積は，

$6×2+1×2+\frac{1}{2}×4＝16$(c㎡)

(2)右の図のように，正六角形
ＡＢＣＤＥＦの中心をＯと
します。重なる部分の面積
が３ｃ㎡のとき，正三角形
ＯＥＦの面積は１ｃ㎡なの

で，平行四辺形ＯＦＧＨの面積は$\frac{1}{2}$ｃ㎡にな

ります。この２つの図形は底辺をそれぞれＯＥ，
ＨＯとみると高さが等しくなっています。高さ
を１とすると，三角形ＯＥＦの面積は，

$ＯＥ×１÷2＝ＯＥ×\frac{1}{2}$

平行四辺形ＯＦＧＨの面積は，

$ＨＯ×１＝ＨＯ$

$\left(ＯＥ×\frac{1}{2}\right)：ＨＯ＝１：\frac{1}{2}$より，

$ＨＯ＝ＯＥ×\frac{1}{4}$

ＧＦ＝ＨＯ＝ＯＥ×$\frac{1}{4}$となればよいので，

ＡＦの長さを４とすると，ＧＦ＝１，ＰＦ＝６
ＰＧ＝ＰＦ－ＧＦ＝５
よって，ＰＦ：ＰＧ＝６：５

(3)重なる部分の面積が

$\frac{1}{2}$ｃ㎡のとき，右の

図で色のついた三角

形の面積は$\frac{1}{4}$ｃ㎡で

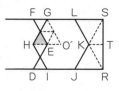

す。正三角形Ｏ'ＧＨの面積は１ｃ㎡なので，
図のようにＥＨは正六角形の１辺の半分の長
さになります。辺ＲＳの真ん中の点をＴとす
ると，ＫＴとＥＨの長さは等しいので，求める

部分の面積は，$1×2+\frac{1}{2}×2＝3$(c㎡)

3 (1)解答の図より，円が通過しない部分の面積は，
$2×2-1×1×3.14+1×4＝4.86$(c㎡)
よって，$5×8-4.86＝35.14$(c㎡)

(2)求める部分は，右の図で
色のついた部分４つ分
と，縦１ｃｍ，横４ｃｍ
の長方形になります。
右の図で色のついた部
分４つ分の面積は，

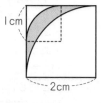

$(4×4-2×2×3.14)$
$-(2×2-1×1×3.14)＝2.58$(c㎡)
よって，$2.58+1×4＝6.58$(c㎡)

4 (1)０秒のとき，三角形ＡＰＣは直角二等辺三角
形ＡＢＣに重なります。ＡＢ＝ＢＣで，面積

が 32 cm² なので，BC＝□ cm として，
□×□÷2＝32　□×□＝64 より，□＝8

(2)辺ＤＥと辺ＡＣ
の交わる点をＦ
とします。点Ｐ
は，アのとき点
Ｃに，26秒の
とき点Ｄに，イ
のとき点Ｆに，
ウのとき点Ｅに着きます。

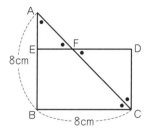

点Ｐが点Ｄにあるときの面積が 20 cm² より，
ＣＤ×8÷2＝20
ＣＤ＝5(cm)
(8＋5)cm を進むのに 26 秒かかっているので，
点Ｐの進む速さは，13÷26＝0.5(cm/秒)
よって，ア＝8÷0.5＝16
上の図で・印のついた角はすべて 45°なので，
三角形ＣＤＦは直角二等辺三角形となり，
ＤＦ＝ＣＤ＝5 cm
よって，イ＝26＋5÷0.5＝36
ウ＝(8＋5＋8)÷0.5＝42
エ＝(8－5)×8÷2＝12

(3)グラフより，点ＰがＤＦの間を進んでいるとき
に三角形ＡＰＣの面積が 3 回目に 6 cm² にな
ります。三角形
ＡＰＣの面積は，
右の図の色のつ
いた三角形の面
積と等しいので，
8×ＰＦ÷2＝6
ＰＦ＝1.5(cm)

のときとわかります。したがって，ＤＰ＝ＤＦ
－ＰＦ＝3.5(cm)なので，求める時間は，
26＋3.5÷0.5＝33(秒後)

15 角柱と円柱の体積

標準クラス　p.62〜63

1 866.64 cm³
2 (1)222.6 cm³　(2)238.72 cm²
3 (1)144 cm³　(2)25.12 cm³
4 (例)直方体の縦，横，高さの 3 辺の和は，
(12＋9＋7)÷2＝14(cm)
したがって，3 辺の長さは，
14－12＝2(cm)，14－9＝5(cm)，

14－7＝7(cm)なので，体積は，
2×5×7＝70(cm³)

答え　70 cm³

5 (1)125 cm³　(2)3 cm
6 942 cm³
7 364.24 cm³

- - - - - 📖解き方 - - - - -

1 (5×5×12－2×2×6)×3.14
＝866.64(cm³)

2 (1)6×6×3.14×$\frac{1}{4}$＝28.26(cm²)
(6－3)×(6－2)÷2＝6(cm²)
28.26－6＝22.26(cm²)
22.26×10＝222.6(cm³)

(2)6×2×3.14×$\frac{1}{4}$＝9.42(cm)
(9.42＋3＋5＋2)×10＝194.2(cm²)
22.26×2＋194.2＝238.72(cm²)

3 (1)6×8÷2×6＝144(cm³)
(2)2×2×3.14÷2×4＝25.12(cm³)

4

> 👆ポイント　直方体
> の 3 辺
> の長さを長い順に
> $a$cm，$b$cm，$c$cm
> とすると，
> $a+b=12$(cm)，
> $a+c=9$(cm)，
> $b+c=7$(cm)
> 12＋9＋7＝($a+b+c$)×2 なので，
> $a+b+c=$(12＋9＋7)÷2＝14(cm)

5 (1)できあがった箱の 1 辺の長さは，15÷3＝5
(cm)なので，
5×5×5＝125(cm³)
(2)切り取る正方形の 1 辺の長さが，
1 cm のとき…13×13×1＝169(cm³)
2 cm のとき…11×11×2＝242(cm³)
3 cm のとき…9×9×3＝243(cm³)
4 cm のとき…7×7×4＝196(cm³)
よって，3 cm のとき容積が最大になります。

6 体積が最も小さいのは上の
立体，最も大きいのは真ん
中の立体です。
右の図のように，同じ立体を向きを変えて 2 つ
合わせると円柱になるので，
上の立体の体積

$=10\times10\times3.14\times(7+17)\div2=3768(cm^3)$

真ん中の立体の体積

$=10\times10\times3.14\times(22+8)\div2=4710(cm^3)$

よって，差は，$4710-3768=942(cm^3)$

7 高さ9cmの円すいとその残りの部分に分けて体積を求めます。

円すいの部分は，

$6\times6\times3.14\times9\times\dfrac{1}{3}=339.12(cm^3)$

残りの部分は，

$2\times2\times3.14\times3-2\times2\times3.14\times3\times\dfrac{1}{3}$

$=25.12(cm^3)$

$339.12+25.12=364.24(cm^3)$

→ ハイクラス　　　　　　　　　　p.64〜65

1 体積 2440 cm³，表面積 2620 cm²

2 150.72 cm³

3 43.96 cm³

4 $\dfrac{95}{3}$ cm³

5 264 cm³

6 (1) 18 cm　(2) 8352.4 cm³

7 (1) 3 cm　(2) 188.4 cm³

📖 **解き方**

1 この立体の底面は右の図のようになります。三角形ABCは角B＝90°の直角三角形で，AB：AC＝12：20＝3：5より，3辺の比が3：4：5になります。

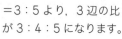

したがって，BC＝$20\times\dfrac{4}{5}=16(cm)$

よって，体積は，

$(10\times10\times3.14-12\times16)\times20=2440(cm^3)$

表面積は，

$(10\times10\times3.14-12\times16)\times2+20\times3.14$

$\times20+(12\times2+16\times2)\times20=2620(cm^2)$

2 底面の半径が$3\times2=6(cm)$，高さが

$4\times2=8(cm)$の円すいから，底面の半径が3cm，高さが4cmの円すいと，底面の半径が3cm，高さが4cmの円柱を取り除いた立体です。よって，

$6\times6\times3.14\times8\times\dfrac{1}{3}-\Big(3\times3\times3.14\times4\times\dfrac{1}{3}$

$+3\times3\times3.14\times4\Big)=150.72(cm^3)$

3 できる立体は，右の図のような底面の半径が2cm，高さが6cmの円すいから，底面の半径が1cm，高さが3cmの円すいを取り除いたものを2つ合わせた形になります。よって，

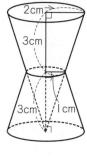

$\Big(2\times2\times3.14\times6\times\dfrac{1}{3}-1\times$

$1\times3.14\times3\times\dfrac{1}{3}\Big)\times2=43.96(cm^3)$

4 上の面と下の面の面積比が，

$4：9=(2\times2)：(3\times3)$より，

長さの比は2：3です。したがって，右の図で，

OA：OC＝2：3

AC＝5cmが比の1にあたるので，OA＝10cm

よって，求める体積は，

$9\times(10+5)\times\dfrac{1}{3}-4\times10$

$\times\dfrac{1}{3}=\dfrac{95}{3}(cm^3)$

5 右の図のような立体なので，色のついた面を底面とする角柱になります。よって，

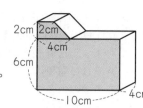

$\{(2+4)\times2\div2+$

$6\times10\}\times4=264(cm^3)$

6 (1) 断面は右の図のようになります。一番上の円柱の底面の半径を①とすると，真ん中の半径は1.5，一番下の半径は，1.5×1.5＝2.25と表せます。(①＋1.5＋2.25)×2×5＝380より，①＝8(cm)

よって，一番下の半径は，8×2.25＝18(cm)

(2)(1)より，真ん中の半径は，8×1.5＝12(cm)

よって，もとの立体の体積は，

$(8\times8+12\times12+18\times18)\times3.14\times5$

$=8352.4(cm^3)$

7 (1) 三角形ABHと三角形CBAは相似なので，

AB：AH

＝CB：CA

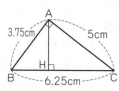

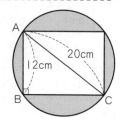

=6.25：5＝5：4

ＡＢ×4＝ＡＨ×5より，

ＡＨ＝3.75×4÷5＝3(cm)

(2)できる立体は，右の図
で色のついた部分を底
面とし，高さが3.75cm
の立体で，円柱から円
柱をくりぬいた形にな
ります。よって，求め
る体積は，

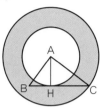

(5×5−3×3)×3.14×3.75

＝188.4(cm³)

---

16 立体の体積と表面積

標準クラス　　　　　　　　　　　　p.66〜67

1 (1)$\frac{9}{2}$ cm³　(2)１cm　(3)121 cm²

2 (1)8枚(まい)　(2)$\frac{7}{9}$ 倍

3 (1)37.68 cm³　(2)216°　(3)141.3 cm²

4 (1)12 cm

　　(2)体積 3768 cm³，表面積 1318.8 cm²

📖 解き方

1 (1)$3×3÷2×3×\frac{1}{3}=\frac{9}{2}$(cm³)

(2)直方体の体積は，$\frac{9}{2}×\frac{80}{3}=120$(cm³)

直方体の高さは，120÷(6×5)＝4(cm)

よって，アの長さは，4−3＝1(cm)

(3)切り口の三角形ＢＣＤは2つの立体に共通な
面なので，差には関係ありません。したがって，
残りの面について表面積の差を求めます。

三角すいＡ−ＢＣＤの残りの表面積は，

$3×3÷2×3=\frac{27}{2}$(cm²)

三角すいを切り取った残りの立体の表面積は，

$(6×5+6×4+5×4)×2−\frac{27}{2}$

$=\frac{269}{2}$(cm²)

よって，その差は，$\frac{269}{2}−\frac{27}{2}=121$(cm²)

---

2 (2)もとの立体の表面積は，
右の図の三角形あの面積
の9×4＝36(倍)です。
立体Ｐは，三角形ＡＢＣ
から三角形あ〜うを切り
取った面が4枚と，三角
形あと合同な切り口の面が4枚なので，立体
Ｐの表面積は，三角形あの面積の

(9−3)×4+4＝28(倍)

よって，$28÷36=\frac{7}{9}$(倍)

3 (1)長さが $\frac{1}{2}$ になると，体積は $\frac{1}{2}×\frac{1}{2}×\frac{1}{2}=\frac{1}{8}$ に
なります。よって，

$6×6×3.14×8×\frac{1}{3}×\frac{1}{8}=37.68$(cm³)

(2)$360°×\frac{3}{5}=216°$

(3)円すい全体の側面積から立
体Ｐの側面積をひいて求め
ます。

$(10×10−5×5)×3.14$

$×\frac{3}{5}=141.3$(cm²)

👆 ポイント　**円すいの側面積**

側面の
おうぎ形の弧(こ)(曲
線部分)の長さと
底面の円周の長さ
が等しいことから，
円すいの側面のお
うぎ形の中心角は，
次の式で求められます。

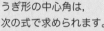

中心角 $=360°×\frac{r×2×3.14}{ℓ×2×3.14}=360°×\frac{r}{ℓ}$ →半径 →母線

また，これを利用して，側面積は次の式で求められます。

側面積 $=ℓ×ℓ×3.14×\frac{中心角}{360°}=ℓ×r×3.14$

---

4 (1)三角形ＡＢＣと三角形ＡＤＢは相似(そうじ)なので，

ＡＣ：ＣＢ＝ＡＢ：ＢＤ

25：15＝20：ＢＤ

ＢＤ＝15×20÷25より，ＢＤ＝12cm

(2)体積は，

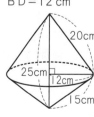

$12×12×3.14×25×\frac{1}{3}$

$=3768$(cm³)

表面積は，

$20×12×3.14+15×$

$12×3.14=1318.8$(cm²)

p.68～69

1 (1)72 cm² (2)36 cm³

2 (1)263.76 cm³ (2)282.6 cm²

(3)$\dfrac{5}{3}$ 回転

3 (1)(例) A の高さが 0 cm, B の高さが 9 cm
だとすると, 体積は,
$5 \times 5 \times 3.14 \times 9 = 706.5$(cm³)
つるかめ算の考え方で, A の高さは,
$(935.75 - 706.5)$
$\div (12 \times 12 - 5 \times 5 \times 3.14) = 3.5$(cm)

答え 3.5 cm

(2)628.7 cm²

4 (1)88 cm² (2)24 cm² (3)48 cm³

📖 解き方

1 (1)色のついた部分の三角形について, 底辺を
12 cm とすると高さは, $(12 - 6) \div 2 = 3$(cm)
なので, 面積は, $12 \times 3 \div 2 = 18$(cm²)
よって, $12 \times 12 - 18 \times 4 = 72$(cm²)

(2)底面積は,
$6 \times 6 \div 2 = 18$(cm²)
四角すいの高さは,
右の(図 3)を組み立
ててできる(図 4)の
三角すいの高さであ
る 6 cm になります。
よって,
$18 \times 6 \times \dfrac{1}{3}$
$= 36$(cm³)

(図 3)

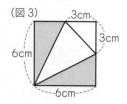

(図 4)

2 (1)底面の円の半径が
6 cm, 高さが
$4 \times 2 = 8$(cm)の円す
いから, それぞれの
長さが半分の円すい
を取り除いた残りの立体なので,
$6 \times 6 \times 3.14 \times 8$
$\times \dfrac{1}{3} \times \left(1 - \dfrac{1}{2} \times \dfrac{1}{2} \times \dfrac{1}{2}\right) = 263.76$(cm³)

(2)上の面…$3 \times 3 \times 3.14 = 28.26$(cm²)
下の面…$6 \times 6 \times 3.14 = 113.04$(cm²)
側面…$(10 \times 6 - 5 \times 3) \times 3.14$
$= 141.3$(cm²)
$28.26 + 113.04 + 141.3 = 282.6$(cm²)

(3)右の図で, 色のつ
いた円周の長さは,
$10 \times 2 \times 3.14$
$= 62.8$(cm)
立体の下の面の円
周は,
$6 \times 2 \times 3.14 = 37.68$(cm)
よって, $62.8 \div 37.68 = \dfrac{5}{3}$(回転)

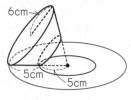

3 (2)$12 \times 12 \times 2 + 5 \times 2 \times 3.14 \times (9 - 3.5)$
$+ 12 \times 4 \times 3.5 = 628.7$(cm²)

4 2 辺の長さが a cm と b cm の長方形の面を ab と
表すとします。
直方体には合同な面が 2 つずつあり, 同じ大き
さの直方体が 2 つあるので, 全部で面 ab, ac,
bc が 4 つずつあります。はり付けた面は 2 つ少
なくなり, この面積が小さいほどできた直方体の
表面積は大きくなります。$a < b < c$ より, 面積
は, $ab < ac < bc$ となります。
したがって,
ab 2 つ $+ac$ 4 つ $+bc$ 4 つ $= 160$(cm²)…①
ab 4 つ $+ac$ 2 つ $+bc$ 4 つ $= 152$(cm²)…②
ab 4 つ $+ac$ 4 つ $+bc$ 2 つ $= 128$(cm²)…③
これらをすべて加えると, ab, ac, bc が 10 ずつで,
面積が,
$160 + 152 + 128 = 440$(cm²)になります。
(1)$ab + ac + bc = 440 \div 10 = 44$(cm²)
よって, $44 \times 2 = 88$(cm²)
(2)それぞれの面が 4 つずつあるときの面積の合
計は, $44 \times 4 = 176$(cm²)
これと③との差は bc 2 つ分なので, bc の面積
は, $(176 - 128) \div 2 = 24$(cm²)
(3)(2)と同じように考えて,
①との差から, ab の面積は 8 cm²
②との差から, ac の面積は 12 cm²
$a : b : c = 1 : 2 : 3$ より, $a = 2$, $b = 4$, $c = 6$
とわかります。よって, 体積は,
$2 \times 4 \times 6 = 48$(cm³)

17 立体の切断

標準クラス p.70～71

1 (1)等脚台形 (2)15 cm

2 (1)72 cm³ (2)90 cm³ (3)180 cm³

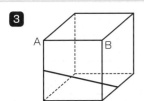

3

4 (1) 21.5 cm² (2)
(3) 9.5 cm³

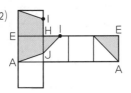

━━ 🕮 解き方 ━━

1 (1) 辺OCの真ん中の
点をPとすると,
切断面は四角形
LMPNになりま
す。

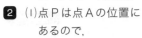

(2) 三角形OMPは三
角形OBCと相似(そうじ)
なので正三角形で
す。
MP＝OM
＝6÷2＝3(cm)
LM，PNも同様
なので，周の長さ
は,
3×3＋6＝15(cm)

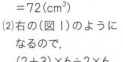

2 (1) 点Pは点Aの位置に
あるので,
6×6×6×1/3
＝72(cm³)
(2) 右の(図1)のように
なるので,
(2＋3)×6÷2×6
＝90(cm³)
(3) 点Pと点Qは6秒ごとに出発点にもどるので,
2018÷6＝336 あまり 2
より，2秒後と同じ位置になります。
点Rは8秒ごとに出発点にもどるので,
2018÷8＝252 あま
り2より，2秒後と同
じ位置になります。
よって，右の(図2)の
ようになるので，体積
は,
(4＋6)×6÷2×6

(図1)

(図2)

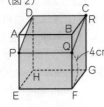

＝180(cm³)

3 右の図のように，面Pと
面Qが交わってできる直
線になります。

真上↓

正面↗

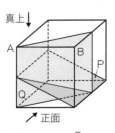

4 (1) 台形AEHJと三
角形AEFと台形
EFIHと三角形
HIJの面積の和
になります。
(2＋3)×3÷2
×2＋3×3÷2
＋2×2÷2＝21.5(cm²)

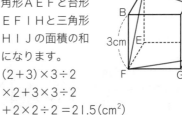

(3) 立体Kは，右の図の三角すい
O-AEFを底面AEFから
3cmの高さで底面に平行な
面で切断したときの，下側の
立体です。
OH：OE＝JH：AE
＝2：3
HE＝3cmなので,
OH＝3×2＝6(cm)
よって，求める体積は,
$3×3÷2×(6＋3)×\frac{1}{3}－2×2÷2×6×\frac{1}{3}$
＝9.5(cm³)

ハイクラス p.72～73

1 (1) 12 (2) 14 (3) $\frac{5}{8}$倍

2 (1) 264 cm³ (2) 256 cm² (3) 136 cm³

3 (1) 72 cm³ (2) 126 cm³ (3) 162 cm³

4 (1) 144 cm³ (2) 80 cm³
(3) 面積 21 cm²，体積 58 cm³

━━ 🕮 解き方 ━━

1 右の図のように切り取り
ます。
(1) 残った立体の頂点(ちょうてん)は,
正八面体の各辺の真ん
中の点なので，正八面
体の辺の数だけ頂点が
あります。
(2) 正八面体の頂点の数だけ正方形の面があり,

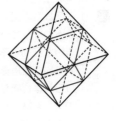

正八面体の面の数だけ正三角形の面があります。よって，6+8=14

(3)切り取る6つの四角すいはすべて合同で，1つの四角すいの体積はもとの正八面体の体積の，$\frac{1}{2}×\frac{1}{2}×\frac{1}{2}×\frac{1}{2}=\frac{1}{16}$(倍)

よって，求める立体の体積は，

$1-\frac{1}{16}×6=\frac{5}{8}$(倍)

2 (1)$6×8×6-3×4÷2×4=264$(cm³)

(2)$6×8×2+6×6×2+(6×8-3×4)+(6×8-4×4)+4×5=256$(cm²)

(3)求める立体は，右の図のような三角柱AHC-DEGから三角すいK-HIJを取り除いた形になります。よって，体積は，

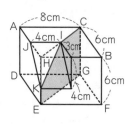

$8×6÷2×6-4×3÷2×4×\frac{1}{3}=136$(cm³)

3 (1)$6×6÷2×12×\frac{1}{3}=72$(cm³)

(2)直角二等辺三角形EFHを底面とし，高さが12×2=24(cm)の三角すいを，半分の高さで切断してできる下側の立体なので，

$6×6÷2×24×\frac{1}{3}-3×3÷2×12×\frac{1}{3}$
$=126$(cm³)

(3)右の図で，色のついた部分になります。この立体を向きを変えて2つ合わせると，底面が1辺6cmの正方形で，高さが9cmの四角柱になるので，

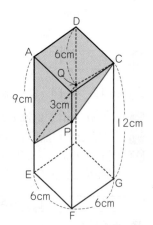

$6×6×9÷2$
$=162$(cm³)

4 (1)底面は右の図のようになっています。三角形ABMと三角形DCNは合同なので，AM=DN=(12-6)÷2=3(cm)
したがって，三角形ABMは3辺の長さの比が3:4:5の直角三角形となり，BM=4cm

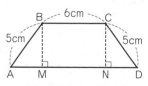

よって，底面ABCD，高さ4cmとして，
$(12+6)×4÷2×4=144$(cm³)

(2)右の図で，三角形PQBを底面とする三角柱と，四角形PQAE，RSDHを底面とする2つの四角すいに分けて求めます。

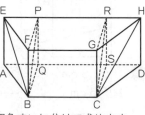

$(4×4÷2)×6+3×4×4×\frac{1}{3}×2=80$(cm³)

(3)切り口は右の図のようになるので，面積は，

$(12+9)×2÷2=21$(cm²)

体積は，上側の部分を(2)と同じように三角柱と2つの四角すいに分けて求めます。

上側の体積は，

$(2×2÷2)×9+1.5×2×2×\frac{1}{3}×2$
$=22$(cm³)

よって，求める体積は，$80-22=58$(cm³)

18 立方体についての問題

標準クラス　　　　p.74～75

1 30個

2 (1)275個　(2)60個　(3)156個

3 218

4 (1)86 cm³　(2)72 cm³

5 8個

6 (1)3:1　(2)60 cm²

📖解き方

1 立体を左後ろからと右後ろからと真下からの3方向から見たとき，それぞれ右の図で色のついた位置(回転しても可)にある立方体は，1面だけがぬかれています。よって，10×3=30(個)

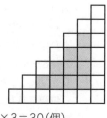

2 (1)最後に残ったのは，3辺の長さが1cm，1cm，7cmの直方体です。赤くぬった直方体は，このまわり前後上下左右に1cmずつ長くなって

いるので，3辺の長さは3cm，3cm，9cmになります。

最初の直方体は，さらにこのまわり前後上下左右に1cmずつ長くなっているので，3辺の長さは5cm，5cm，11cmです。

立方体は1辺が1cmなので，求める個数は，
5×5×11＝275（個）

(2)右の（図1）で，こい色のついた部分になります。よって，
9×4+3×8
＝60（個）

(3)1面だけが青色にぬられた立方体は，右の（図1）のうすい色のついた部分で，
3×9×4+3×3×2
＝126（個）
1面だけが赤色にぬられた立方体は，右の（図2）の色のついた部分で，
7×4+1×2＝30（個）
よって，全部で，
126+30＝156（個）

（図1）
（図2）

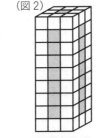

3 右の図で，うすい色のついた部分の4個は3面が見えているので，和は，
(1+2+3)×4=24
こい色のついた立方体は2面が見えているので，1と2の目が見えるようにします。この立方体は，4×6+5×2=34（個）あるので，和は，(1+2)×34＝102
白い立方体は1面だけが見えているので，1の目が見えるようにします。この立方体は，4×4×2+4×5×3=92（個）あるので，和は92です。よって，5面の数の和は，
24+102+92=218

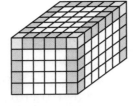

4 下から順に1段目，2段目，…とします。

(1) 1段目　　2段目　　3段目　　4段目　　5段目

25+16+16+4+25=86（cm³）

(2) 1段目　　2段目　　3段目　　4段目　　5段目

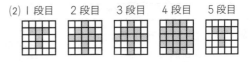

20+14+14+4+20=72（cm³）

5 正面から見て左から順にa列，b列，c列，右側の面から見て右から順にア列，イ列，ウ列とします。正面から見た図より，a列のどこかに2個重なっており，右から見た図より，イ列のどこかに2個重なっているので，a列とイ列の交わるところ（上の図で②の位置）に2個重なっていればよいことがわかります。同様にして，c列とア列の交わるところ（上の図で③の位置）に3個，b列とウ列の交わるところ（上の図で①の位置）に1個あればよいとわかります。

この立体は，面と面をはり合わせてつくられているので，①，②，③をはり合わせるために，上の図でこい色のついた位置に1個と，うすい色のついた位置のどちらかに1個が必要です。

よって，全部で，(2+3+1)+1+1=8（個）

6 (1)右の図で，三角形ABCと三角形DECは相似です。それぞれの辺の長さの比は2：1なので面積の比は，
(2×2)：(1×1)=4：1
よって，台形ABED：三角形DEC
＝(4-1)：1=3：1

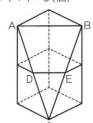

(2)切り口は，右の図で色のついた部分になります。このうち，三角形CDEの面積が6cm²なので，(1)より，台形ABEDの面積は，6×3=18（cm²）

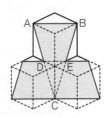

下の立方体にふくまれる部分は台形ABEDの2つ分なので，求める面積は，
6+18×3=60（cm²）

▶ ハイクラス　　　　　　　　　　p.76～77

1 (1)8個　(2)36個　(3)27個　(4)25個
2 648cm³
3 (1)15個　(2)3種類　(3)13種類　(4)62cm²

1 (1)『大きい立方体』の頂点にあたる 8 個（右の図のうすい色のついた部分）です。

(2)右の図で，こい色のついた部分です。
3×12＝36（個）

(3)3×3×3＝27（個）

(4)下の段から順に，1 段目，2 段目，…とします。それぞれの段を真上から見て，上の面に入った切り口を実線，下の面に入った切り口を点線で表すと，下の図のようになります。

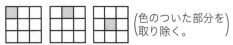

上の図より，切られた「小さい立方体」は色のついた 25 個です。

2 10×10×10－(4×4×3×6＋4×4×4)
＝648（cm³）

3 下の段から順に，1 段目，2 段目，3 段目とします。

(1)真上から見て（図 3）のように見えるので，1 段目は（図 3）と同じ 9 個です。2 段目と 3 段目は，真上から見て右の図のように積まれているとき最少になります。（他にも同じ個数になる積み方があります。）よって，9＋3×2＝15（個）

(2)3 段目の 9 個のうち，どれか 1 個を取り除きます。回転して同じになるものを除くと次の 3 種類です。

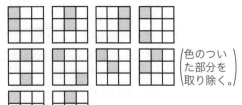

（色のついた部分を取り除く。）

(3)3 段目から 2 個取り除く場合は，次の 10 種類です。

（色のついた部分を取り除く。）

3 段目と 2 段目から 1 個ずつ取り除く場合，2 段目の立方体は，真上から見たときに取り除いた 3 段目と同じ位置の立方体を取り除けばよいので，(2)と同じく 3 種類です。
よって，全部で，10＋3＝13（種類）

(4)真上から見たときに，3 段目と 2 段目の右の図の位置にある立方体を 1 個ずつ取り除いた立体の表面積が最も大きくなります。
9×6＋8＝62（cm²）

19 容 積

標準クラス　　p.78〜79

1 15 cm

2 12 cm

3 (1)4 cm　(2)4.8 cm

4 (1)10.5 cm　(2)10 cm

5 (1)12 cm　(2)4 cm

1 高さ 10 cm までの体積は，
(40＋10)×10÷2×10＝2500（cm³）
(3000－2500)÷(10×10)＝5（cm）
10＋5＝15 より，底面から 15 cm

2 右の図で，三角形 A D E は直角二等辺三角形となり，A E＝A D＝10 cm したがって，このときの水の体積は，
(7＋17)×10÷2×10
＝1200（cm³）
よって，求める深さは，
1200÷(10×10)＝12（cm）

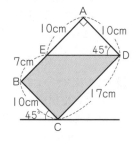

3 (1)長方形 E F G H が底になるように置いたときの水の高さが 6 cm なので，水の体積は，
6×5×4＋6×(5＋3)×(6－4)
＝216（cm³）
右の図で色のついている部分にも水が入っているとすると，水の体積は全部で，
216＋6×4×3
＝288
（cm³）
これは，長方形 B C K L を底面としたとき，

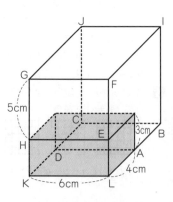

6 cm の高さまでに入る水の体積なので，
B L ＝288÷（6×6）＝8（cm）
A B ＝B L －A L ＝8－4＝4（cm）
(2)高さ 4 cm までの体積は，
6×8×4＝192（cm³）
（216－192）÷（6×5）＝0.8（cm）
4＋0.8＝4.8 より，底から 4.8 cm

4 (1)三角柱の体積は，
4×9÷2×15＝270（cm³）
270÷（10×18）＋9＝10.5（cm）
(2)水の量は，10×18×9＝1620（cm³）
底面積は，10×18－4×9÷2＝162（cm²）
深さは，1620÷162＝10（cm）

5 (1)1 dL は 100 mL ＝100 cm³ なので，
3 dL は 300 cm³ です。300÷（5×5）
＝12（cm）
(2)水そうⓐからこぼれた水の量は，
4110－（5×5×30－300）＝3660（cm³）
水そうⓘに入った水の量は，
20×20×10－3×5×10－5×5×10
＝3600（cm³）
よって，水そうⓘに入った水の量は，
3660－3600＝60（cm³）
水の深さは，60÷（3×5）＝4（cm）

➡ **ハイクラス** p.80～81

1 (1)251.2 cm³ (2)45.6 cm³
2 (1)80 cm³ (2)14 cm³
3 (1)300 cm³ (2)15 cm (3)20.4 cm
4 ア 12 イ 3.5$\left(\dfrac{7}{2}\right)$

📖 **解き方**

1 (1)4×4×3.14÷2×10＝251.2（cm³）
(2)45°かたむけると，水
面はゆかと平行になる
ので，残った水は，右
の図のように $\frac{1}{4}$ 円から
直角二等辺三角形を除
いた部分（色のついた
部分）になります。よって，体積は，
（4×4×3.14÷4－4×4÷2）×10
＝45.6（cm³）

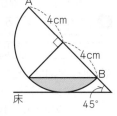

2 (1)8×4×4－4×3÷2×8＝80（cm³）
(2)$\dfrac{1}{3}×\left(4×4×\dfrac{22}{7}×4－1×1×\dfrac{22}{7}×1\right)$

＝66（cm³）
80－66＝14（cm³）

3 (1)20×30×（20.5－20）＝300（cm³）
(2)水そうの容積は，
20×30×40＝24000（cm³）
直方体をしずめたとき，水そうに残った水は，
24000－15000＝9000（cm³）
よって，求める高さは，
9000÷（20×30）＝15（cm）
(3)水が入る部分の底面積は，
20×30－10×10＝500（cm²）
(2)で残った水と球 4 個を合わせた体積は，
9000＋300×4＝10200（cm³）
よって，求める高さは，
10200÷500＝20.4（cm）

4 水そうを真上から
見たとき，仕切り
によって分けられ
た各部分を，右の
図のように P，Q，
R，S とします。
イ の 長 さ が 1 cm

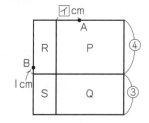

より長いので，R より Q のほうが底面積が大きく
なります。同じ量の水を入れると，底面積が大き
いほうが高さは低くなるので，水面の高さの比は，
P：Q：R：S＝3：4：9：ア となります。仕切
りは側面に平行なので，P：Q＝R：S
したがって，3：4＝9：ア より，ア＝12
P と Q の比の差 4－3＝1 は，縦の長さのちがい
によるものです。水そうの 1 辺の半分の長さを□
cm とすると，P の縦の長さは（□＋1）cm，Q の
縦の長さは（□－1）cm なので，差は，
□＋1－（□－1）＝2（cm）
比の 1 が 2 cm なので，水そうの 1 辺の長さは，
2×（4＋3）＝14（cm）
R と P の高さの比が 9：3＝3：1 なので，底面積
の比は高さの比の逆比で 1：3 です。R と P は縦
の長さが等しいので，横の長さの比が 1：3 にな
ります。したがって，P の横の長さは，
14×$\dfrac{3}{4}$＝$\dfrac{21}{2}$（cm）

よって，イ＝$\dfrac{21}{2}$－14÷2＝$\dfrac{7}{2}$＝3.5

20 水量の変化とグラフ

1 (1)毎秒 150 cm³ (2)127 秒
2 (1)4L (2)16.2
3 (1)245700 cm³ (2)ア 70 イ 30
4 100 L

━━━━━━ 📖 解き方 ━━━━━━

1 (1)グラフより，65 秒後に上の円柱の上面の高さまで水が入っていることがわかります。65 秒から 105 秒の 40 秒間に水面が 40−30 ＝10(cm)高くなっているので，水の量は 20 ×30×10＝6000(cm³)だけ増えています。よって，1 秒あたりに 6000÷40＝150(cm³) の水を入れています。

(2)空の水そうが満水になるときの水の量は，20×30×40＝24000(cm³)です。小さい円柱だけを入れると 138 秒で満水になるので，小さい円柱の体積は，24000−150×138＝3300(cm³) したがって，大きい円柱の体積は，24000−150×105−3300＝4950(cm³) 大きい円柱だけを水そうの中に入れると，満水になるまでに入る水の量は，24000−4950 ＝19050(cm³)となり，満水になるまでに，19050÷150＝127(秒)かかります。

2 (1)この水そうを真横から見ると，右の図のようになります。

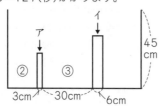

グラフより，アの仕切りの高さは 20 cm とわかります。③の部分が深さ 20 cm になるのに，7.2−2.7＝4.5 (分)かかっているので，1 分間に入る水の量は，30×30×20÷4.5＝4000(cm³)より，4 L

(2)グラフより，イの仕切りの高さは 30 cm で，求める時間は水そうの底面全体の深さが 30 cm になるのにかかる時間なので，(80×30×30−3×30×20−6×30×30) ÷4000＝16.2(分)

3 (1)1 秒間に入る水の量は，70×60×45÷90＝2100(cm³) 117 秒で容器がいっぱいになっているので，2100×117＝245700(cm³)

(2)切り取った小さな直方体の体積は，70×60×63−245700＝18900(cm³) 面Cの面積は，$63×60×\frac{1}{6}＝630$(cm²)なので，面Bを下にして置いたときの小さな直方体の高さは，18900÷630＝30(cm) よって，イ＝60−30＝30 1 秒間に出る水の量は，60×63×(70−60)÷20＝1890(cm³) 面Bを下にして置いたとき，深さ 30 cm から 60 cm のはん囲の水が入る部分の面積は，60×63−630＝3150(cm²) したがって，この深さ 60−30＝30(cm)分の水を出すのにかかる時間は，3150×30÷1890＝50(秒) よって，ア＝20+50＝70

4 水を入れ始めてから 7 分後から 11 分後までの 4 分間で 80 L の水が出ているので，1 分間に出る水の量は，80÷4＝20(L) 水を入れ始めてから 7 分後までは水を入れていますが，そのうち 7−3＝4(分間)は水を出しています。つまり，20×4＝80(L)の水を出しても，まだ，80−55＝25(L)増えているので，1 分間に入る水の量は，(25+80)÷7＝15(L) よって，満水時の水の量は，55+15×3＝100(L)

1 (1)水 毎秒 400 cm³，お湯 毎秒 800 cm³
(2)水面の高さ 14 cm，温度 46 度
(3)6.25 秒後 (4)6.8
2 (1)27
(2)イ 3 分 30 秒後，イ＋ウ 10 分 30 秒後
(3)イ 21 ウ 20 エ 11
3 (1)5：3 (2)18 cm

━━━━━━ 📖 解き方 ━━━━━━

1 (1)1 秒間に入れる水の量は，20×20×5÷5＝400(cm³) グラフより，お湯を入れ始めて 5 秒後にBがいっぱいになり，Aにあふれ出ているので，1 秒間に入れるお湯の量は，10×20×20÷5＝800(cm³)

(2)5 秒後から 8 秒後までの 3 秒間は，毎秒 400 +800＝1200(cm³)ずつ増えるので，8 秒後

の水面の高さは，

$5+1200×3÷(20×20)=14$(cm)

8秒間に入れる水の量は，

$400×8=3200$(cm³)

3秒間に入れるお湯の量は，

$800×3=2400$(cm³)

よって，温度は，

$\dfrac{28×3200+70×2400}{3200+2400}=46$(度)

(3) Aの部分の温度が40度になったとき，Aの部分の水とお湯の体積の比は，

$(70-40):(40-28)=5:2$

水とお湯を入れ始めて5秒後より後に入れた水の量を①とすると，(1)より，お湯は水の$800÷400=2$(倍)の速さで入れるので②となります。水とお湯の体積の比が5:2のとき40度になるので，このときの水の量は，

②$×\dfrac{5}{2}=$⑤です。このうち，①は5秒後より後に入れた水なので，5秒後までに入れた水の量は，⑤－①＝④で，これが

$20×20×5=2000$(cm³)にあたります。

したがって，①$=2000÷4=500$(cm³)

$500÷400=1.25$(秒)より，5秒後の1.25秒後に40度になります。よって，6.25秒後

(4) アの時点で仕切りをはずす前の容器を正面から見ると，右の図で色のついた部分のようになっています。仕切りをはずすと，Aの部分の水面の高さが3.2cm上がったので，図の④と⑦の面積は等しくなります。したがって，⑦の高さは，$20×3.2÷10=6.4$(cm)なので，仕切りをはずした後の水面の高さは，

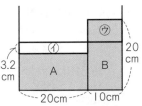

$20-6.4=13.6$(cm)

このとき，容器内の水とお湯の体積の合計は，

$(20+10)×20×13.6=8160$(cm³)

よって，ア$=8160÷(400+800)=6.8$

2 (1) 水の入る部分の横の長さが30cmのときは，水面までの高さが1分間に6cm上がっています。横の長さが(30+33+ア)cmのときは，1分間に2cm上がっているので，横の長さは$6÷2=3$(倍)になっているとわかります。よって，

ア$=30×3-(30+33)=27$

(2) 1分間に上がる水面の高さは，水が入る部分

の横の長さに反比例します。したがって，横の長さが$30+33=63$(cm)のとき，1分間に上がる水面の高さは，

$6×\dfrac{30}{63}=\dfrac{20}{7}$(cm)

水を入れ始めてから8分45秒後の高さが36cmなので，イの高さになるのは，

$\left(36-\dfrac{20}{7}×8\dfrac{3}{4}\right)÷\left(6-\dfrac{20}{7}\right)=3\dfrac{1}{2}$(分後)

よって，3分30秒後

さらに，$15-8\dfrac{3}{4}=6\dfrac{1}{4}$(分後)には水面が

$50-36=14$(cm)上がっているので，

$\left(\dfrac{20}{7}×6\dfrac{1}{4}-14\right)÷\left(\dfrac{20}{7}-2\right)=4\dfrac{1}{2}$(分)より，

イ＋ウの高さになるのは，

$15-4\dfrac{1}{2}=10\dfrac{1}{2}$(分後)より，10分30秒後

(3)(2)より，イ$=6×3\dfrac{1}{2}=21$

ウ$=\dfrac{20}{7}×\left(10\dfrac{1}{2}-3\dfrac{1}{2}\right)=20$

エ$=52-(21+20)=11$

3 (1) 水そうの底面Aから仕切りの高さまでの給水とはい水にかかる時間の比は，

$9:(50-35)=3:5$

求める量の比はこの逆比なので，5:3

(2) 水を入れ始めて15分後から35分後までの20分間に給水した量とはい水した量は等しいので，給水にかかった時間は，$20×\dfrac{3}{3+5}=7\dfrac{1}{2}$(分)

したがって，満水になったのは水を入れ始めてから，$15+7\dfrac{1}{2}=22\dfrac{1}{2}$(分後)

アにあてはまる数は，ア:16＝9:(15－9)より，

ア$=24$

1分間に給水する水の量は，

$(16+24)×20×27÷22\dfrac{1}{2}=960$(cm³)

仕切りの高さは，

$960×9÷(24×20)=18$(cm)

🎯 チャレンジテスト⑤ p.86～87

1 (1) 866.64 cm³　(2) 810.12 cm²

2 197 cm³

3 ア 1.5　イ 17$\dfrac{5}{8}$

4 (1) 体積 456 cm³，表面積 472 cm²

(2)480 cm²

⑤ (1)1440 cm³ (2)720 cm²

━━━━━━ 📖 解き方 ━━━━━━

① (1)くりぬく部分の体積は,

$6×6×3.14×8×\dfrac{1}{3}-3×3×3.14×4×\dfrac{1}{3}$

$-3×3×3.14×4=150.72(cm³)$

よって, 求める体積は,

$9×9×3.14×12×\dfrac{1}{3}-150.72$

$=866.64(cm³)$

(2)円すいの側面積は, $15×9×3.14(cm²)$

底面積は, $9×9×3.14-(6×6×3.14-3×$
$3×3.14)=54×3.14(cm²)$

くりぬいてできる面は, 半径3cmで高さ4cm
の円柱の側面と, 半径6cmで高さ8cmの円す
いから半径3cmで高さ4cmの円すいを除い
た立体の側面になります。

したがって, くりぬいてできる面積は,

$3×2×3.14×4+(10×6×3.14-5×3$
$×3.14)=69×3.14(cm²)$

よって, 表面積は,

$(15×9+54+69)×3.14=810.12(cm²)$

② できる立体は, 右
の(図1)のように
なります。立方体
から切り取る部分
は,(図2)のよう
な底面が直角二等
辺三角形の三角す
いの上部から三角

(図1)

すいを除いた形なので, その体積は,

$3×3÷2×6×3$

$×\dfrac{1}{3}-2×2÷2$

$×6×2×\dfrac{1}{3}$　　　　(図2)

$=19(cm³)$

よって, 求める体積は,

$6×6×6-19$

$=197(cm³)$

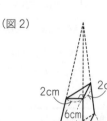

③ 右の(図1)で, CB
とAEは平行なので,
三角形AEGと三角
形BCJは相似で,
EG:AG=3:2
AG=1cmなので,
EG=1.5cm
よって,

(図1)

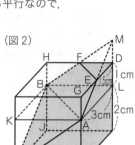

DE=3-1.5=1.5(cm)…ア

同様に, CAとBFも平行なので,

DF=1.5cm

右の(図2)のよう
に, 点Aを通り立
方体の底面に平行
な平面で分けます。
三角すいC-ABK
とM-BALは合
同なので, 求める
立体の体積は, 1辺

(図2)

3cmの正方形を底面とする高さ2cmの直方体
から三角すいM-DEFを除いた体積になります。

よって, $3×3×2-1.5×1.5÷2×1×\dfrac{1}{3}$

$=17\dfrac{5}{8}(cm³)$…イ

④ (1)くりぬいた部分は, 右
の図のようになります。
よって, 体積は,

$8×8×8-(2×2×3$
$×4+2×2×2)$
$=456(cm³)$

表面積は,

$8×8×6-2×2×4+2×3×4×4$
$+2×2×2=472(cm²)$

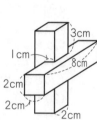

(2)くりぬいた部分は, 右
の図のようになります。
よって,

$8×8×6-2×2×4$
$+(2×8-1×2)×4$
$+2×3×4+2×8×2$
$=480(cm²)$

⑤ (1)$12×12×12-6×6÷2×12×\dfrac{1}{3}×4$

$=1440(cm³)$

(2)右の（図1）で，色
のこい三角形は（図
2）で色のついた部
分にあたるので，
面積は，
$12×12−12×6$
$÷2×2−6×6÷2$
$=54(cm^2)$
（図1）で，色のう
すい三角形の面積
は，
$12×12÷2$
$=72(cm^2)$
よって，求める表面積は，
$12×12÷2+12×12+54×4+72×4$
$=720(cm^2)$

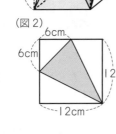

（図1）

6cm
6cm
12cm

（図2）

6cm
6cm
12cm
12cm

🎯 **チャレンジテスト⑥**　　p.88〜89

1️⃣ (1)$\frac{5}{6}$ cm　(2)$1\frac{2}{3}$ cm

2️⃣ (1)18 cm　(2)$23\frac{7}{9}$ cm

3️⃣ (1)給水管① 80 cm³，給水管② 120 cm³
(2)ⓐ16　ⓑ31.6　ⓒ37

4️⃣ 高さ 15 cm，1辺の長さ 10 cm

📖 **解き方**

1️⃣ (1)$(5×5÷2×20)÷(20×15)=\frac{5}{6}(cm)$

(2)水とおもりの体積
を合わせると，
$4500+5×5÷2$
$×20$
$=4750(cm^3)$
（図2）を正面から
見ると，右の図の
ようになるので，
台形AEFPの面積は，
$4750÷20=237.5(cm^2)$
$(PF+30)×15÷2=237.5$ より，
$PF=237.5×2÷15−30=1\frac{2}{3}(cm)$

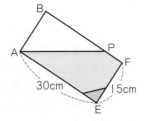

B
A
P
F
30cm
15cm
E

2️⃣ (1)容器の容積は，
$10×10×3.14×30=9420(cm^3)$
容器にとりつけた円すいの体積を□cm³と
します。（図1）より，水の体積は，
$9420÷2−□÷2=4710−□×\frac{1}{2}(cm^3)$

高さが同じ円柱と円すいの体積の比は 3：1 な
ので，（図2）より，水の体積は，
$□×(3−1)=□×2(cm^3)$
水の体積は変わらないので，
$4710−□×\frac{1}{2}=□×2$
$□×\left(2+\frac{1}{2}\right)=4710$ より，$□=1884$
したがって，円すいの高さは，
$1884×3÷(10×10×3.14)=18(cm)$
よって，「水の深さ」は 18 cm

(2)右の図のように，
水面下にある円す
いの高さは，
$18+18−30$
$=6(cm)$
したがって，この
部分の円すいの底
面の半径は，
$10×\frac{6}{18}=\frac{10}{3}(cm)$

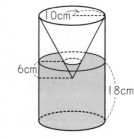

10cm
6cm
18cm

このときの水の体積は，
$10×10×3.14×18−\frac{10}{3}×\frac{10}{3}×3.14×6×\frac{1}{3}$
$=5582\frac{2}{9}(cm^3)$
容器を（図2）の向きに立てたとき，底面から
18 cm の高さまでに入る水の体積は，(1)より，
$1884×2=3768(cm^3)$
底面から 18 cm の高さから水面までの高さは，
$\left(5582\frac{2}{9}−3768\right)÷(10×10×3.14)$
$=5\frac{7}{9}(cm)$
よって，「水の深さ」は，
$18+5\frac{7}{9}=23\frac{7}{9}(cm)$

3️⃣ (1)水そう全体は 55.5 分で満水になっているので，
①と②から1分間に給水される水を合わせると，
$(20+54)×10×15÷55.5=200(cm^3)$
よって，①は毎分，$200×\frac{2}{2+3}=80(cm^3)$
②は毎分，$200−80=120(cm^3)$

(2)Aの底面積は，$20×10=200(cm^2)$
Bの底面積は，$54×10×\frac{5}{5+4}=300(cm^2)$
Cの底面積は，$300×\frac{4}{5}=240(cm^2)$
(1)より，Aの水面は毎分$\frac{80}{200}=\frac{2}{5}(cm)$ずつ上

がり，Cの水面は毎分$\frac{120}{240}=\frac{1}{2}$(cm)ずつ上がるので，グラフのⓐは水がCからBにあふれ始める時間を示しています。よって，
ⓐ＝240×8÷120＝16(分)
25分の時点でAの深さが㋐cmになり，BとCに水があふれ始めるので，
㋐＝80×25÷200＝10(cm)
ⓑの時点では，BとCが深さ8cm，Aが深さ10cmになっています。よって，
ⓑ＝(54×10×8＋200×10)÷200
＝31.6(分)
ⓒの時点では，水そうの底面全体の深さが10cmになっています。よって，
ⓒ＝(74×10×10)÷200＝37(分)

(4) 棒Aより上の部分に入った水の量は，
500×(27－15)＝6000(cm^3)なので，
満水のときの水面から棒Aの上面までの深さは，
6000÷(20×30)＝10(cm)
よって，棒Aの高さは，25－10＝15(cm)
棒Aの体積は，
20×30×25－500×27＝1500(cm^3)
棒Aの高さは15cmなので，底面積は，
1500÷15＝100(cm^2)
100＝10×10より，1辺の長さは10cm

21 倍数算

標準クラス

p.90～91

1 80円
2 6500円
3 所持金9750円，かばんの値段8750円
4 2040円
5 兄3500円，弟2500円
6 850円
7 400円
8 1380円

解き方

1

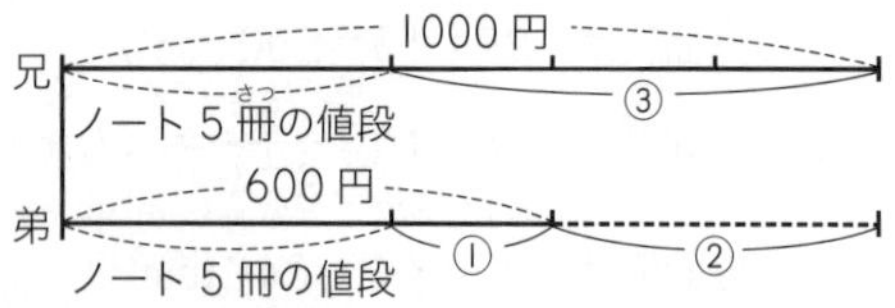

上の図のように，ノートを買う前と後で2人の所持金の差は変わらないので，
1000－600＝400(円)が②にあたります。
したがって，ノート5冊の値段は，
600－400÷2＝400(円)
よって，求める値段は，400÷5＝80(円)

2 花子さんがお金をわたす前と後で，2人の所持金の合計は変わりません。

	太郎	花子		太郎	花子
前	10 ： 7		＝	(130) ：	(91)
後	8 ： 5		＝	(136) ：	(85)

花子さんの比の差(91)－(85)＝⑥が300円にあたるので，
①＝300÷6＝50(円)
よって，太郎さんが最初に持っていた金額は，
50×130＝6500(円)

ポイント　倍数算(やりとり)の解き方
何人かの間でお金などをやりとりしても全員の持っている合計は変わらないことに目をつけて，比の和をそろえます。
10：7＝130：91
和17　和221 → 17と13の最小公倍数
8：5＝136：85
和13　和221

3 お母さんからお金をもらう前と後で，2人の所持金の差は変わりません。

	A	B	A	B
前	5	： 1 ＝	㉟ ：	⑦
後	39	： 11 ＝	㊴ ：	⑪

お金をもらう前と後の比の差⑪－⑦＝④が1000円にあたるので，比の①にあたる金額は，
1000÷4＝250(円)
よって，今のAさんの所持金は，
250×39＝9750(円)
お金をもらう前のAさんの所持金は，
9750－1000＝8750(円)
かばんを買った結果，Aさんの所持金は半分になったので，かばんの値段はお金をもらう前の所持金に等しく，8750円

ポイント　倍数算(差が一定)の解き方
同じ金額ずつもらっても，所持金の差は変わらないことに目をつけて，比の差をそろえます。
5：1＝35：7
差4　差28 → 4と28の最小公倍数
39：11＝39：11
差28　差28

4 電車に乗る前と後で，一郎と次郎の所持金の差は

変わりません。

	一郎		次郎		一郎		次郎
前	7	:	3	=	㉑	:	⑨
後	19	:	7	=	⑲	:	⑦

電車に乗る前と後の比の差⑨−⑦=②が 680
円にあたるので，比の①にあたる金額は，

680÷2=340(円)

したがって，次郎がはじめに持っていた金額は，

340×9=3060(円)

次郎と三郎のはじめの所持金の比は 3：2 なので，
求める金額は，

$3060 × \dfrac{2}{3} = 2040$(円)

5 兄がはじめに持っていた金額を⑦円，弟がはじ
めに持っていた金額を⑤円とすると，

(⑦−1500)：(⑤−750)=8：7

外項の積と内項の積は等しいので，

(⑦−1500)×7=(⑤−750)×8

㊾−10500=㊵−6000

この式を線分図に表すと次のようになります。

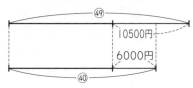

上の図より，

㊾−㊵=10500−6000

⑨=4500

①=500(円)

よって，兄がはじめに持っていた金額は，

500×7=3500(円)

弟がはじめに持っていた金額は，

500×5=2500(円)

6 兄の残ったおこづかいは，最初に弟がもらった
おこづかいより，400−300=100(円)少なく，
弟はさらに 200 円もらったので，弟のほうが，
100+200=300(円)多くなります。
兄の残ったおこづかいを③円，弟のおこづかい
を⑤円とすると，⑤−③=②が 300 円にあた
るので，

①=300÷2=150(円)

よって，最初に兄がもらったおこづかいは，

150×3+400=850(円)

7 先月までの兄の貯金額を①円，弟の貯金額を
③円とすると，

(①+800)：(③−400)=3：2

内項の積と外項の積は等しいので，

(③−400)×3=(①+800)×2

⑨−1200=②+1600

この式を線分図に表すと次のようになります。

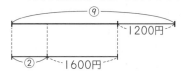

上の図より，

⑨−②=1600+1200

⑦=2800

①=400(円)

よって，先月までの兄の貯金額は 400 円

8 妹の最初の所持金を①円とすると，としお君の
最初の所持金は(⑤+180)円と表せます。

⑤+180−300=(①+400)×2−200

⑤−120=②+600

⑤−②=600+120

③=720

①=240(円)

よって，としお君の最初の所持金は，

240×5+180=1380(円)

➡️ **ハイクラス**　　　　　p.92〜93

1 (1)10 円玉 112 枚，100 円玉 28 枚

(2)10 円玉 108 枚，100 円玉 72 枚

(3)4400 円

2 10 万円

3 1750 円

4 2800 円

5 55

6 250 g

📖 **解き方**

1 (1)つるかめ算の考え方で，100 円玉の枚数は，

(3920−10×140)÷(100−10)=28(枚)

よって，10 円玉の枚数は，

140−28=112(枚)

(2)10 円玉 3 枚と 100 円玉 2 枚をセットにすると，
1 セットの金額は，

10×3+100×2=230(円)

8280÷230=36(セット)

赤いふくろには 36 セット入っているので，

10 円玉は，3×36=108(枚)

100 円玉は，2×36=72(枚)

(3)白いふくろと赤いふくろに入っている 10 円玉
の合計枚数は，112+108=220(枚)

100 円玉の合計枚数は，28+72=100(枚)

赤いふくろから白いふくろに移しても合計枚数は変わりません。移した後の赤いふくろに入っている 10 円玉と 100 円玉の枚数は等しいので，10 円玉と 100 円玉の合計枚数の差は移した後の白いふくろに入っているそれぞれの枚数の差にあたります。

移した後の白いふくろに入っている 10 円玉の枚数を ③ 枚，100 円玉の枚数を ① 枚とすると，

③－①＝220－100 より，①＝60（枚）

したがって，赤いふくろには 10 円玉と 100 円玉が 100－60＝40（枚）ずつ入っているので，

(10＋100)×40＝4400（円）

2 先月と今月で，収入の差と使った金額の差は等しいので，比の差をそろえます。

	先月	今月		先月	今月
収入	2	: 3	= ④	:	⑥
使った	3	: 5	= ③	:	⑤

比の差 ④－③＝① が 1 万円にあたるので，求める金額は，④＋⑥＝⑩ より，10 万円

3 お年玉をあげる前と後で 2 人の所持金の合計は変わらないので，比の和をそろえます。

	ともや	おい		ともや	おい
前	7	: 2	= ⑦	:	②
後	2	: 1	= ⑥	:	③

比の差 ⑦－⑥＝① が 500 円にあたるので，お年玉をあげる前のともやさんの所持金は，

500×7＝3500（円）

これは本を買う前の所持金の $1-\frac{1}{3}=\frac{2}{3}$ にあたるので，本の値段は，

$3500 \div \frac{2}{3} - 3500 = 1750$（円）

4 お姉さんがアクセサリーを買ったときの，あゆみさんとお姉さんの所持金をそれぞれ ⑦ 円，⑥ 円とし，実際の所持金をそれぞれ ⑤ 円，⑧ 円として線分図をかくと，次のようになります。

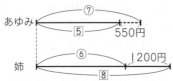

これを式に表すと，
あゆみさん…⑤＝⑦－550
お姉さん　…⑧＝⑥＋1200

あゆみさんの式を $\frac{8}{5}$ 倍して，

⑤$\times\frac{8}{5}$＝(⑦－550)$\times\frac{8}{5}$ より，⑧＝$\left(\frac{56}{5}\right)$－880

お姉さんの線分図と比べると，

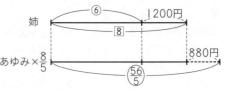

上の図より，

$\left(\frac{56}{5}\right)$－⑥＝1200＋880

$\left(\frac{26}{5}\right)$＝2080

①＝2080÷$\frac{26}{5}$＝400（円）

よって，あゆみさんがもらったおこづかいは，
400×7＝2800（円）

ポイント　所持金の合計や差が一定でなく，比の関係が複雑な場合，□や○の数字がそろうように式を何倍かします。

$\begin{cases} ⑤=⑦-550 \\ ⑧=⑥+1200 \end{cases} \xrightarrow{\frac{8}{5}倍} ⑧=(⑦-550)\times\frac{8}{5}$

5 グループ A の男子を ⑤ 人，女子を ③ 人とします。グループ B との関係から，

(⑤＋50)：(③＋あ)＝10：7

(③＋あ)×10＝(⑤＋50)×7

㉚＋あ×10＝㉟＋350

あ×10＝⑤＋350

あ＝$\left(\frac{1}{2}\right)$＋35

グループ C との関係から，

⑤＋あ＝③＋50＋85

あ＝$\left(\frac{1}{2}\right)$＋35 なので，

⑤＋$\left(\frac{1}{2}\right)$＋35＝③＋50＋85

$\left(\frac{11}{2}\right)$＋35＝③＋135

これを線分図に表すと，次のようになります。

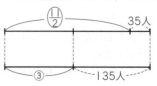

上の図より，

$\left(\frac{11}{2}\right)$－③＝135－35

$\dfrac{5}{2}=100$

$\text{①}=40(\text{人})$

よって，⑧$=40\times\dfrac{1}{2}+35=55(\text{人})$

6 お茶を移しても２本の合計の重さは変わらないので，比の和をそろえます。

	A	B	A	B
前	3	2	㉔	⑯

前　　3：2＝㉔：⑯

後　　3：5＝⑮：㉕

㉔－⑮＝⑨が 225g にあたるので，

①$=225\div9=25(\text{g})$

空の水とうの重さは２本とも同じなので，お茶を移した後の２本の重さの差が，お茶の重さの差になります。お茶を移した後の２本の重さとお茶の重さの比の差をそろえると，

	A	B	A	B
水とう入り	⑮	㉕	⑮	㉕
お茶のみ	1	3	⑤	⑮

⑮－⑤＝⑩が空の水とうの重さなので，

$25\times10=250(\text{g})$

---

22 仕事算，ニュートン算

標準クラス　　　　　　　　　　p.94〜95

1 (1)A 70 枚，B 50 枚　(2)6 秒ごと

(3)29 分 10 秒後

2 12 日

3 3：5

4 (1)12 人　(2)210 人　(3)1020 人

(4)15 分後

5 毎分 3 L

📖解き方

1 (1)差が 100 枚なので，和差算の考え方で，

A…$(600+100)\div2\div5=70(\text{枚})$

B…$(600-100)\div2\div5=50(\text{枚})$

(2)70 と 50 の最大公約数は 10 なので，

$60\div10=6(\text{秒ごと})$

(3)A だけで 10 分間印刷したときの残りの枚数は，

$3000-70\times10=2300(\text{枚})$

よって，$2300\div(70+50)+10=29\dfrac{1}{6}(\text{分})$

$\dfrac{1}{6}$分$=10$秒より，29 分 10 秒後

2 全体の仕事量を 1 とします。

大人 1 人の 1 日の仕事量は，

$1\div(6\times20)=\dfrac{1}{120}$

子ども 1 人の 1 日の仕事量は，

$1\div(15\times20)=\dfrac{1}{300}$

大人 6 人，子ども 10 人の 1 日の仕事量は，

$\dfrac{1}{120}\times6+\dfrac{1}{300}\times10=\dfrac{1}{12}$

$1\div\dfrac{1}{12}=12(\text{日})$

3 全体の仕事量を 1 とします。

A＋B の 1 時間の仕事量は，$\dfrac{1}{5}$

$10-8=2$ より，A＋B で 2 時間と A だけで 8 時間仕事をすると終わるので，

A の 1 時間の仕事量は，

$\left(1-\dfrac{1}{5}\times2\right)\div8=\dfrac{3}{40}$

B の 1 時間の仕事量は，

$\dfrac{1}{5}-\dfrac{3}{40}=\dfrac{5}{40}$

よって，A：B＝3：5

4 (1)1 分間に窓口 3 つで減る行列の人数は，

$180\div(45-35)=18(\text{人})$

1 分間に窓口 2 つで減る行列の人数は，

$(300-180)\div(35-15)=6(\text{人})$

よって，18－6＝12(人)

(2)窓口が 2 つのとき，行列が 1 分間に 6 人減ることから，1 分間に新しく並ぶ人数は，

$12\times2-6=18(\text{人})$

はじめの 15 分間は窓口 1 つで対応したので，この間に増えた行列の人数は，

$(18-12)\times15=90(\text{人})$

よって，9 時の行列の人数は，

$300-90=210(\text{人})$

(3)$210+18\times45=1020(\text{人})$

(4)9 時 5 分に並んだ人は，行列の先頭から，

$210+(18-12)\times5=240(\text{人目})$

9 時 15 分には，$12\times(15-5)=120(\text{人})$が入場しているので，行列の先頭から

$240-120=120(\text{人目})$になります。

$120\div(12\times2)=5(\text{分})$

15＋5＝20 より，9 時 20 分に入場できるので，

20－5＝15(分後)

5 $(8\times18-12\times10)\div(18-10)=3(\text{L})$

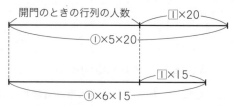

ハイクラス

p.96～97

1 (1)36 分　(2)22 分 30 秒

2 (1)20 日　(2)① 30 日　② 21 日

3 300 人

4 (1)54 個　(2)45 分後　(3)2520 個

📖 解き方

1 全体の仕事量を 1 とします。

(1)大人 1 人の 1 分間の仕事量は,

$$1 \div (6 \times 60) = \frac{1}{360}$$

子ども 1 人の 1 分間の仕事量は,

$$1 \div (16 \times 30) = \frac{1}{480}$$

よって,

$$\frac{1}{2} \div \left(\frac{1}{360} \times 2 + \frac{1}{480} \times 4 \right) = 36 (分)$$

(2)$\dfrac{1}{2} \div \left(\dfrac{1}{360} \times 5 + \dfrac{1}{480} \times 4 \right)$

$$= \frac{45}{2} (分) より, 22 分 30 秒$$

2 全体の仕事量を 45 と 36 の最小公倍数である 180 とおきます。

(1)A さんの 1 日の仕事量は, $180 \div 45 = 4$

B さんの 1 日の仕事量は, $180 \div 36 = 5$

よって, 2 人で仕事をするのにかかる日数は,

$180 \div (4 + 5) = 20 (日)$

(2)① 3 人で仕事をする日数を予定より 2 日多くしたので, 仕事が全部終わるまでにかかった日数は予定より 3 日少なくてすみました。つまり, C さんは 1 人でする仕事が 5 日減ったことになり, この分が 3 人で 2 日間にする仕事の量と等しくなります。

C さんの 1 日の仕事量を □ とすると,

$$□ \times 5 = (9 + □) \times 2$$
$$⑤ = 18 + ②$$

$⑤ - ② = 18$ より, $□ = 6$

よって, 求める日数は,

$180 \div 6 = 30 (日)$

②実際には 3 人で $4 + 2 = 6 (日)$ 働いたので, 残りの $180 - (9 + 6) \times 6 = 90$ の仕事を C さんが $90 \div 6 = 15 (日)$ かけて終わらせました。

よって, $6 + 15 = 21 (日)$

3 毎分 □ 人ずつ行列に加わり, 券売機 1 台で 1 分間に ① 人ずつ入場券を買うとして, 次の線分図をかきます。

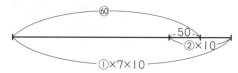

$$□ \times 20 - □ \times 15 = ① \times 5 \times 20 - ① \times 6 \times 15$$
$$□ \times 5 = ① \times 10 \text{ より, } □ = ②$$

したがって, 開門のときの行列の人数は,

$$① \times 6 \times 15 - □ \times 15 = ⑨⓪ - ③⓪ = ⑥⓪ (人)$$

開門のときの行列の人数が 50 人少ないとき, 券売機 7 台を使うと 10 分で行列がなくなるので, 次の線分図がかけます。

上の線分図より,

$$⑥⓪ = ① \times 7 \times 10 - ② \times 10 + 50$$

$⑩ = 50$ より, $① = 5 (人)$

よって, $⑥⓪ = 5 \times 60 = 300 (人)$

4 (1)A 5 台で 3 時間で箱づめされるボールの個数は,

$12 \times 5 \times 60 \times 3 = 10800 (個)$

B 4 台で 1 時間で箱づめされるボールの個数は,

$18 \times 4 \times 60 = 4320 (個)$

2 時間に運びこまれるボールの個数は,

$10800 - 4320 = 6480 (個)$

よって, $6480 \div 2 \div 60 = 54 (個)$

(2)最初にあった個数は,

$4320 - 54 \times 60 = 1080 (個)$

よって, ボールがすべて箱づめされるのは,

$1080 \div (12 \times 2 + 18 \times 3 - 54) = 45 (分後)$

(3)A 2 台と B 1 台で 1 分間に箱づめできるのは,

$12 \times 2 + 18 = 42 (個)$

したがって, 毎分 $54 - 42 = 12 (個)$ ずつ箱づめされていないボールが増えていきます。

よって, $1080 + 12 \times 60 \times 2 = 2520 (個)$

23 割合や比についての文章題

標準クラス

p.98～99

1 (父)40 才, (子)8 才

2 (1)11 : 9　(2)79.2 点

3 (1)2 L　(2)10 L　(3)36 L

4 4000 円

5 50 問

46

6 ア 25　イ 960

📖 **解き方**

1 現在の父と子の年れいの比は 5：1 で，8 年後には 3：1 になります。2 人の年れいの差は一定なので，倍数算の考え方で比の差をそろえる。

$$父　子　父　子$$
現在　　5：1＝⑤：①
8 年後　3：1＝⑥：②

⑥－⑤＝① が 8 才にあたるので，現在の年れいは，
父は 8×5＝40(才)，子は 8 才

2 (1) 男子を○人，女子を□人とすると，合計点が同じなので，72×○＝88×□
内項の積と外項の積は等しいので，
88：72＝○：□ より，○：□＝11：9

(2) 男子 11 人，女子 9 人として考えます。
(72×11＋88×9)÷(11＋9)＝79.2(点)

3 (1) 赤いバケツに入っている水は 1L とイ，青いバケツに入っている水は 3L とエです。2 つのバケツに入っている水の量が等しいので，
3－1＝2(L)イのほうが多いとわかります。

(2) イ，エはそれぞれア，ウの $\frac{1}{5}$ の量であり，(1)よりイとエの差が 2L なので，アとウの差は，
$2÷\frac{1}{5}＝10$(L)

(3) アの $\frac{1}{5}$ の量と 3L を 2 つのバケツに移して水そうに残った水がウなので，アとウの差は，
$\left(ア×\frac{1}{5}＋3\right)$L です。
(2)より，アとウの差は 10L なので，
$ア×\frac{1}{5}＋3＝10$
$ア×\frac{1}{5}＝7$
$ア＝35$(L)
はじめに 1L 赤いバケツに移して水そうに残った水がアなので，最初に水そうに入っていた水の量は，35＋1＝36(L)

4 模型を買う前は，
(5500＋80)÷(1－0.25)＝7440(円)
ゲームソフトを買う前は，
7440÷(1－0.4)＝12400(円)
年末の所持金は，
(12400－10000)÷(1－0.4)＝4000(円)

5 現在までに解いた問題数を①とすると，
その中で正解した問題数は⓪.⑦と表せます。
この後，6 問を解き，すべて不正解だと，

正解した問題数は⓪.⑦のままなので，6 問を解いた後のすべての問題数は，
⓪.⑦÷0.625＝①.⑫
①.⑫－①＝⓪.⑫が 6 問にあたるので，
現在までに解いた問題数は，
6÷0.12＝50(問)

6 A と B には同じ重さの砂糖水が入っていたので，A に砂糖を 40g，B に水を 40g 加えても，A と B の重さは等しいままです。したがって，A に加えた砂糖 40g が砂糖水ののう度の差 4% にあたるので，砂糖を加えた後の A の砂糖水の重さは，
40÷0.04＝1000(g)
よって，はじめにそれぞれの容器に入っていた砂糖水の重さは，
1000－40＝960(g)なので，イは 960
A と B の砂糖水をあわせるとのう度が 26% になるので，これにふくまれる砂糖の重さは，
1000×2×0.26＝520(g)
はじめにそれぞれの容器に入っていた砂糖水にふくまれる砂糖の重さは，
(520－40)÷2＝240(g)
よって，はじめののう度は，
240÷960＝0.25 より，25% なので，アは 25

➡️ **ハイクラス**　　　　　p.100～101

1 34 枚
2 5000 円
3 (1) 20 cm　(2) 5 cm　(3) 960 cm³
4 緑 40g，黄緑 35g，水色 60g
5 ア 15　イ 12　ウ 10
6 (1) 3.2 %　(2) 4 %　(3) 180 g，300 g

📖 **解き方**

1 丸い形と三角形のカードの合計と，赤と青のカードの合計は同じ枚数なので，比の和をそろえます。
丸い形：三角形 ＝4：7＝㉜：㊵
赤：青 ＝5：3＝㊺：㉝

赤の丸いカードと青の丸いカードの枚数は同じなので，それぞれ，㉜÷2＝⑯(枚)ずつです。
したがって，青の三角形のカードの枚数は，
㉝－⑯＝⑰(枚)
赤の三角形のカードの枚数は，㊵－⑰＝㊴(枚)
で，これが 50 枚以上 80 枚以下となるのは，
①＝2 枚のときで，2×39＝78(枚)
よって，青の三角形のカードの枚数は，
2×17＝34(枚)

2 Bさんがはじめにもらったおこづかいを①円とすると，Aさんがもらったおこづかいは，(8000−①)円と表せます。

Aさんのおこづかいの $1-\frac{3}{5}=\frac{2}{5}$ が，Bさんのおこづかいの $1-\frac{5}{6}=\frac{1}{6}$ よりも1500円多いので，

$$(8000-①)\times\frac{2}{5}=①\times\frac{1}{6}+1500$$

$$3200-\left(\frac{2}{5}\right)=\left(\frac{1}{6}\right)+1500$$

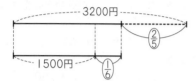

上の線分図より，

$$\left(\frac{1}{6}\right)+\left(\frac{2}{5}\right)=3200-1500$$

$$\left(\frac{17}{30}\right)=1700$$

$$①=3000(円)$$

よって，Aさんがもらったおこづかいは，
8000−3000=5000(円)

3 (1) A，B，Cの底面積をそれぞれ ③cm²，④cm²，⑤cm² とします。

⑮cm³ の水を入れると，Aは ⑮÷③=5(cm)
Cは ⑮÷⑤=3(cm) 深くなります。
Aの深さがCの深さより8cm深くなるのは，
8÷(5−3)=4 より，⑮×4=⑥⓪(cm³) の水を入れたときで，そのときの深さは，
⑥⓪÷③=20(cm)

(2) (1)より，⑥⓪cm³ の水をBに入れると，
⑥⓪÷④=15(cm) 深くなり，その結果20cmの深さになったので，求める深さは，
20−15=5(cm)

(3) 最終的にAに入っている水の割合は，はじめのAの水の量を1とすると，

$$1-\frac{1}{4}-\frac{1}{4}\times\frac{5}{4}+\frac{1}{4}\times\frac{1}{2}+\frac{1}{4}\times\frac{5}{4}\times\frac{1}{5}=\frac{5}{8}$$

したがって，$600\div\frac{5}{8}=960(cm^3)$

4 白は水色をつくるときしか使いません。したがって，水色をつくるのに，白は全量45gを使うので，青は，45÷3=15(g)使います。
よって，水色は，45+15=60(g)
青の残りは，45−15=30(g)
緑は，黄と青が同量なので，その差15gが黄緑をつくるときに余分に使います。

よって，黄緑は，$15\div\frac{5-2}{5+2}=35(g)$

緑は，30+45−35=40(g)

5 A君の残ったお金は，$1-\frac{1}{5}=\frac{4}{5}$ より，アの $\frac{4}{5}$
これがイになるので，ア：イ=5：4
A君がはじめに持っていたお金を⑤円とすると，B君がはじめに持っていたのは④円です。B君の残ったお金は，

$$\left(④+⑤\times\frac{1}{5}\right)\times\left(1-\frac{1}{3}\right)=\left(\frac{10}{3}\right)(円)$$

これがウにあたるので，

$$ア：ウ=⑤：\left(\frac{10}{3}\right)=3：2$$

ア：イ=5：4=15：12
ア：ウ=3：2=15：10
よって，ア：イ：ウ=15：12：10

6 (1) 2つの食塩水を混ぜ合わせたようすを面積図に表すと，次の図のようになります。

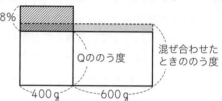

上の図で，斜線の入った部分と色のついた部分の面積は等しいので，求めるのう度の差は，
400×8÷(400+600)=3.2(%)

(2) のう度の差が8%なので，食塩水を120g入れかえたとき，120×0.08=9.6(g)の塩がAからBに移ります。
Aののう度は，
9.6÷400×100=2.4(%)低くなり，
Bののう度は，
9.6÷600×100=1.6(%)高くなります。
よって，のう度の差は，2.4+1.6=4(%)縮まるので，求めるのう度の差は，
8−4=4(%)

(3) 食塩水を1g入れかえると，0.08gの塩がAからBに移ります。このとき，Aののう度は，

$$0.08\div400\times100=\frac{1}{50}(\%)低くなり，$$

Bののう度は，

$$0.08\div600\times100=\frac{1}{75}(\%)高くなるので，のう度の差は，\frac{1}{50}+\frac{1}{75}=\frac{1}{30}(\%)縮まります。$$

(ア) Aののう度が2%高くなる場合
8−2=6(%)差が縮まればよいので，

$6 \div \frac{1}{30} = 180$(g)入れかえます。

　(イ)Bののう度が2%高くなる場合

　　のう度の差が0になり，さらに2％差が広
　　がるので，8＋2＝10(％)変化すればよいこ
　　とになります。よって，

　　$10 \div \frac{1}{30} = 300$(g)入れかえます。

24 速さについての文章題①

標準クラス　　　　　　　　　　p.102～103

1 16分後

2 (1)9分後　(2)毎分140m

3 ア0.1　イ9.58

4 (1)2：3　(2)4.8分

5 750m

6 (1)毎分49m　(2)18分間

━━━━━━━━━ 📖解き方 ━━━━━━━━━

1 兄と妹の歩く速さの比は時間の比の逆比で，
45：30＝3：2
兄の分速を③m，妹の分速を②mとすると，兄
が出発するときの2人のへだたりは，
②×8＝⑯(m)
よって，兄が追いつくのは，
⑯÷(③－②)＝16(分後)

2 (1)2人の速さの和は，
1800÷7.5＝240(m/分)
おそくした2人の速さの和は，
240－20×2＝200(m/分)
よって，1800÷200＝9(分後)

　(2)おそくしたとき，出発してから7分30秒後に
2人はそれぞれ最初に出会った地点より，
20×7.5＝150(m)手前にいます。
おそくしたときに出会った地点は最初に出
会った地点と30mはなれており，よしおさん
のほうが速いので，この後よしおさんが進ん
だ道のりは，
150＋30＝180(m)
(1)より，出発してから9分後に出会ったので，
おそくしたときのよしおさんの速さは，
180÷(9－7.5)＝120(m/分)
よって，最初の速さは，
120＋20＝140(m/分)

3 2人がそれぞれ75m走るのにかかる時間の差が
0.3秒なので，100－75＝25(m)走るのにかか
る時間の差は，
$0.3 \times \frac{25}{75} = 0.1$(秒)より，アは0.1
次郎君は0.1秒で$1\frac{1}{499}$m走ったので，次郎君の
速さは，
$1\frac{1}{499} \div 0.1 = \frac{5000}{499}$(m/秒)
したがって，次郎君が100m走るのにかかる時
間は，
$100 \div \frac{5000}{499} = \frac{499}{50} = 9.98$(秒)
太郎君は次郎君よりもかかった時間が，
0.3＋0.1＝0.4(秒)短いので，
9.98－0.4＝9.58(秒)より，イは9.58

4 (1)速さの比は時間の比の逆比で，4：6＝2：3

　(2)A地点からB地点まで行くときの分速を②，
B地点からA地点まで行くときの分速を③と
すると，静水時の分速は，
(②＋③)÷2＝(2.5)
AB間のきょりは，②×6＝⑫なので，
⑫÷(2.5)＝4.8(分)

5 太朗さんの上りの時速は，4－2＝2(km/時)
下りの時速は，4＋2＝6(km/時)
上りと下りの速さの比は，2：6＝1：3
かかる時間の比は速さの比の逆比で，3：1
したがって，丸太とすれちがった地点からA地点
までの下りにかかった時間は，
15÷3＝5(分)
川の流れの速さは時速2kmで，太朗さんの上り
の速さと同じなので，丸太とすれちがってから丸
太がA地点に着くまでの時間は15分です。
丸太とすれちがった地点からB地点までの上りに
かかった時間は，
$(15-5) \times \frac{3}{3+1} = 7.5$(分)
A地点からB地点まで時速2kmで進んで，
15＋7.5＝22.5(分)かかったので，求めるきょり
は，$2 \div 60 \times 22.5 = \frac{3}{4}$(km)より，750m

6 (1)速さの比は，上り：下り＝3：4
時間の比は速さの比の逆比で，4：3
上りにかかる時間は，$50 \times \frac{4}{4+3} = \frac{200}{7}$(分)
下りにかかる時間は，$50 \times \frac{3}{4+3} = \frac{150}{7}$(分)
したがって，上りの速さは，

$8400 \div \dfrac{200}{7} = 294$ (m/分)

下りの速さは,

$8400 \div \dfrac{150}{7} = 392$ (m/分)

よって,川の流れの速さは,

$(392 - 294) \div 2 = 49$ (m/分)

(2)流されたために余計にかかった時間は,

$71 - 50 = 21$ (分間)

(1)より,流されたときの速さは毎分 49 m,流されたきょりを上るときの速さは毎分 294 m なので,速さの比は,$49 : 294 = 1 : 6$

かかる時間の比はその逆比で,$6 : 1$

よって,エンジンが止まっていた時間は,

$21 \times \dfrac{6}{6+1} = 18$ (分間)

➡ ハイクラス

p.104~105

1 (1) 30 分後　(2) 10 分 30 秒後

2 (1) 48 分後　(2) 64 分後　(3) 3600 m

　　(4) 1200 m

3 (1) 5 倍　(2) 3 時間 36 分　(3) 11 時 $47\dfrac{7}{19}$ 分

4 (1) 25 分後　(2) 時速 $\dfrac{18}{5}$ km　(3) 12 km

📖 解き方

1 (1) バスと太郎君が同じ道のりを進むのにかかる時間の比は,速さの比の逆比で,$1 : 3$

バスが A 町から B 町に行くのにかかる時間を ① 分とすると,太郎君が A 町から B 町に行くのにかかる時間は ③ 分です。

$4 + ① + 6 + ① = ③$ より,$① = 10$ (分)

よって,$③ = 30$ (分) なので,太郎君が B 町に着くのは出発してから 30 分後です。

(2) 太郎君の速さは,$6000 \div 30 = 200$ (m/分)

バスの速さは,$200 \times 3 = 600$ (m/分)

バスが B 町を出発するときのバスと太郎君の間の道のりは,

$6000 - 200 \times 4 = 5200$ (m)

したがって,バスと太郎君が初めてすれちがうのはバスが出発してから,

$5200 \div (200 + 600) = 6.5$ (分後)

よって,太郎君が A 町を出発してから,

$6.5 + 4 = 10.5$ (分後) なので,10 分 30 秒後

2 (1) 太郎さんと次郎さんの速さはそれぞれ花子さんの速さの $\dfrac{1}{2}$ 倍と $\dfrac{1}{3}$ 倍なので,花子さんの速さ

を毎分 ⑥ m とすると,太郎さんの速さは毎分 ③ m,次郎さんの速さは毎分 ② m となります。

花子さんと次郎さんが出会うまでに進んだ道のりの和は,

$(⑥ + ②) \times 36 = ㉘㊉$ (m)

これは P 地点と Q 地点を往復する道のりと等しいので,花子さんが P 地点にもどってくるのは,

$㉘㊉ \div ⑥ = 48$ (分後)

(2) 花子さんと太郎さんが出会うのは,

$㉘㊉ \div (⑥ + ③) = 32$ (分後)

太郎さんは同じ道のりをもどるので,P 地点にもどってくるのは,

$32 \times 2 = 64$ (分後)

(3) 花子さんは,出発してから 32 分後に太郎さんと出会い,36 分後に次郎さんと出会っています。つまり,36 分後に太郎さんと花子さんも 300 m はなれていたことになります。このときの太郎さんと花子さんの間の道のりから,

$(⑥ - ③) \times (36 - 32) = 300$

$⑫ = 300$ より,$① = 25$

P 地点と Q 地点を往復するときの道のりが ㉘㊉ m なので,片道は半分の ⑭④ m です。

よって,求める道のりは,

$25 \times 144 = 3600$ (m)

(4) 花子さんは P 地点と Q 地点を往復するのに 48 分かかったので,片道では半分の 24 分かかります。したがって,花子さんの速さは,

$3600 \div 24 = 150$ (m/分)

太郎さんと次郎さんの速さの差は,

$150 \times \left(\dfrac{1}{2} - \dfrac{1}{3}\right) = 25$ (m/分)

太郎さんが次郎さんに追いつくのは,花子さんと次郎さんが出会ってから,

$300 \div 25 = 12$ (分後)

花子さんが次郎さんと出会った地点から P 地点までの道のりは,

$3600 - 150 \times (36 - 24) = 1800$ (m)

よって,太郎さんが次郎さんを追いこすのは,P 地点から,

$1800 - 150 \times \dfrac{1}{3} \times 12 = 1200$ (m) はなれた地点です。

3 (1) P と Q の間のきょりを 1 とすると,上りと下りの速さの比は,$\dfrac{1}{3} : \dfrac{1}{2}$

静水時の速さは,$\left(\dfrac{1}{3} + \dfrac{1}{2}\right) \div 2 = \dfrac{5}{12}$

川の流れの速さは，$\left(\dfrac{1}{2}-\dfrac{1}{3}\right)\div2=\dfrac{1}{12}$

よって，$\dfrac{5}{12}\div\dfrac{1}{12}=5$(倍)

(2)最初に出会う時刻は，

$1\div\left(\dfrac{1}{3}+\dfrac{1}{2}\right)=\dfrac{6}{5}$(時間)より，

8時$+\dfrac{6}{5}$時間$=9$時12分

2回目に出会うのは，グラフより12時から13時の間です。

12時にBはP地点からQ地点に向かって$\dfrac{1}{3}$の地点にいます。

2度目に出会う時刻は，

$\left(1-\dfrac{1}{3}\right)\div\left(\dfrac{1}{3}+\dfrac{1}{2}\right)=\dfrac{4}{5}$(時間)より，

12時$+\dfrac{4}{5}$時間$=12$時48分

出会うまでにかかる時間は，
12時48分-9時12分$=3$時間36分

(3)(1)より，AとBの速さの比が$\dfrac{1}{3}:\dfrac{1}{2}$なので，
AとBの進むきょりの比は2：3です。よって，AとBが最初に出会うのは，P地点からQ地点に向かう$\dfrac{2}{2+3}=\dfrac{2}{5}$の地点で，出会うまでにかかる時間は(2)より$\dfrac{6}{5}$時間です。

川の流れの速さが増加しても，AとBの速さの和は変わらないので，出会う地点が変わるだけで，出会うまでにかかる時間は同じです。したがって，AがQ地点にとう着するのにかかる時間は，

$\dfrac{6}{5}\div\left(\dfrac{2}{5}-\dfrac{1}{12}\right)=3\dfrac{15}{19}$(時間)

よって，求める時刻は，

8時$+3\dfrac{15}{19}$時間$=11$時$47\dfrac{7}{19}$分

④ (1)AQ$=15-9=6$(km)より，
PA：AQ$=9:6=3:2$
2つの観光船は同時に出発して同時にA地点にとう着したので，
（PAの下りの速さ）：（QAの上りの速さ）
$=3:2$
したがって，下りの速さは，
$18\times2\times\dfrac{3}{3+2}=\dfrac{108}{5}$(km/時)

よって，A地点にとう着するのは，

$9\div\dfrac{108}{5}=\dfrac{5}{12}$(時間)より，出発してから25分後

(2)$\dfrac{108}{5}-18=\dfrac{18}{5}$(km/時)

(3)2つの観光船は，同時にA地点にとう着してともにB地点まで川の流れにまかせて移動するので，B地点を同時に出発します。
その後同時にP地点とQ地点にとう着するので，BP間のきょりとBQ間のきょりの比は，上りの速さと川の流れる速さの比になります。

上りの速さは，$18-\dfrac{18}{5}=\dfrac{72}{5}$(km/時)なので，

BP：BQ$=\dfrac{72}{5}:\dfrac{18}{5}=4:1$

よって，BP間のきょりは，$15\times\dfrac{4}{4+1}=12$(km)

25 速さについての文章題②

標準クラス　　　　　　　p.106〜107

1 (1)2：3　(2)4：5

2 (1)1230 m　(2)650 m　(3)70 m

3 ア16　イ620

4 9時40分

5 (1)ア27　イ16　ウ4　エ49　オ5　カ5
(2)キ11　ク15　ケ675

解き方

1 (1)AとBの速さの和で，Aの長さを進むのに1.6秒，AとBの長さの和を進むのに4秒かかるので，Bの長さを進むのには，(4−1.6)秒かかります。
よって，A：B$=1.6:(4-1.6)$
$=1.6:2.4=2:3$

(2)AとBが向かい合って進むとき，1.6秒間にAとBの進んだきょりの和がAの長さになり，同じ方向に進むとき，14.4秒間にAとBの進んだきょりの差がAの長さになるので，
（速さの和）$\times1.6=$（速さの差）$\times14.4$
したがって，速さの差と和の比は，
$1.6:14.4=1:9$
Bの方が速いので，
Aは，$(9-1)\div2=4$
Bは，$(9+1)\div2=5$
よって，A：B$=4:5$

2 (1)時速108 kmを秒速になおすと，
$108000\div3600=30$(m/秒)
トンネルの中にかくれていたのは41秒なので，

その間に電車が進んだ長さは，
30×41＝1230(m)
(2)トンネルにかくれていた間に進む道のりは，
トンネルの長さより電車の長さの分だけ短い
道のりです。鉄橋をわたり始めてからわたり
終わるまでに進む道のりは，鉄橋の長さより
電車の長さ分だけ長い道のりです。よって，
これらを合わせると，ちょうどトンネルと鉄
橋の長さの和になり，かかる時間が，
41＋24＝65(秒)なので，その長さは，
30×65＝1950(m)
トンネルの長さは鉄橋の長さの2倍なので，
鉄橋の長さの3倍が1950mになります。
よって，鉄橋の長さは，1950÷3＝650(m)
(3)鉄橋の長さより電車の長さの分だけ長い道の
りが30×24＝720(m)になるので，電車の長
さは，
720－650＝70(m)
③ 列車Bが列車Aと同じ速さなら，
110÷2＝55(秒)で鉄橋をわたり終えます。A
はその差55－50＝5(秒)で，列車の長さの差
260－180＝80(m)だけ進むので，Aの秒速は，
80÷5＝16(m/秒)
鉄橋の長さは，16×50－180＝620(m)
④ 5分刻みの目もりと目もりの間の角度は，
360°÷12＝30°なので，短針は長針が指してい
る目もりの次の目もりより，さらに，
50°－30°＝20°進んだところを指しています。
短針は1時間に1目もり(30°)進むので，目もり
から20°進んでいるということは，
1×$\frac{20°}{30°}$＝$\frac{2}{3}$(時間)より，時計が◯時40分を示
していることになります。
したがって，長針は8の目もりを指しているので，
短針は9と10の間にあります。
よって，求める時刻は9時40分です。
⑤ (1)7時ちょうどに，短針は長針
より，30°×7＝210°進んで
います。
長針は1分間に，
360°÷60＝6°進み，
短針は1分間に，30°÷60＝0.5°進むので，
間の角の大きさが60°になるのにかかる時間
は，
(210°－60°)÷(6°－0.5°)＝27$\frac{3}{11}$(分)
よって，1回目に60°になる時刻は，

7時27$\frac{3}{11}$分＝7時27分16$\frac{4}{11}$秒
この後，長針と短針が重なるのに，
60°÷(6°－0.5°)＝10$\frac{10}{11}$(分)
さらに長針が短針より60°進むのに10$\frac{10}{11}$分
かかるので，2回目に60°になる時刻は，
7時27$\frac{3}{11}$分＋10$\frac{10}{11}$分＋10$\frac{10}{11}$分
＝7時49$\frac{1}{11}$分
＝7時49分5$\frac{5}{11}$秒
(2)短針と秒針のつくる角が120°になるのは1分
間に2回あります。
23＝2×11＋1より，23回目の時刻は7時
11分から7時12分の間だとわかります。7
時11分ちょうどのとき，短針と秒針のつくる
角は，
210°＋0.5°×11＝215.5°
短針は1秒間に，30°÷60÷60＝$\frac{1}{120}$°進み，
秒針は1秒間に，360°÷60＝6°進みます。
よって，つくる角が120°となるのに，
(215.5°－120°)÷$\left(6°－\frac{1}{120}°\right)$＝15$\frac{675}{719}$(秒)
かかるので，求める時刻は，
7時11分15$\frac{675}{719}$秒です。

➡ **ハイクラス** p.108～109

① (1)6：1 (2)5：6 (3)5：3
(4)7.5秒後 (5)10.25秒後
② (1)特急 秒速24m，急行 秒速16m
(2)80m
③ 285
④ (1)2時10$\frac{10}{11}$分 (2)24

┈┈┈┈┈┈ 📖 **解き方** ┈┈┈┈┈┈

① (1)列車Xの先頭は，鉄橋にさしかかってから12
秒後に鉄橋の反対側を通過したので，鉄橋の
長さを進むのに12秒かかっています。
その14－12＝2(秒後)に列車Xの最後尾が鉄
橋の反対側を通過したので，列車Xの長さを
進むのに2秒かかっています。
よって，求める長さの比は，12：2＝6：1
(2)(1)と同様に，鉄橋と列車Yの長さの比は，

20：(24−20)＝5：1

鉄橋の長さは同じなので，鉄橋の長さを1とすると，(1)より列車Xの長さは $\frac{1}{6}$，列車Yの長さは $\frac{1}{5}$ になります。よって，求める比は，

$\frac{1}{6}：\frac{1}{5}＝5：6$

(3)列車Xと列車Yが鉄橋の長さを進むのにかかる時間の比は，

12：20＝3：5

求める速さの比はその逆比なので，5：3

(4)列車Xの速さを秒速⑤mとすると，列車Yの速さは秒速③mと表せます。

列車Xは鉄橋の長さを進むのに12秒かかるので，鉄橋の長さは，⑤×12＝㊿m

よって，2つの列車の先頭がすれちがうのは，

㊿÷(⑤＋③)＝7.5(秒後)

(5)2つの列車の速さを(4)と同様におきます。鉄橋の長さが㊿mなので，(1)，(2)より，列車Xの長さは⑩m，列車Yの長さは⑫mとなります。

よって，2つの列車の最後尾がすれちがうのは，

(㊿＋⑩＋⑫)÷(⑤＋③)＝10.25(秒後)

2 (1)特急と急行がAさんの前を通過するのにかかる時間の比は，$\frac{200}{3}：\frac{160}{2}＝5：6$なので，特急は先に通過し終わり，急行が通過し終わったのが10秒後だとわかります。

よって，急行の速さは，

160÷10＝16(m/秒)

特急の速さは，

$16×\frac{3}{2}＝24$(m/秒)

(2)

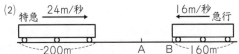

急行がBさんの目の前を通過し始めたとき，急行の先頭から特急の先頭までのきょりは，

$24×16\frac{2}{3}－200＝200$(m)

Aさんの目の前で特急と急行がすれちがい始めるのは，

200÷(24＋16)＝5(秒後)

したがって，AさんとBさんの間のきょりは，

16×5＝80(m)

3 AとBが同じ向きに走っているとき，45秒間にAとBの走ったきょりの差がAとBの長さの和になり，AとBが反対向きに走っているとき，9秒

間にAとBの走ったきょりの和がAとBの長さの和になります。

(速さの差)×45＝(速さの和)×9

したがって，速さの差と和の比は，

9：45＝1：5

AのほうがBよりも速いので，AとBの速さの比は，

(5＋1)：(5−1)＝3：2

Aの速さは，$18×\frac{3}{2}＝27$(m/秒)

よって，求める長さは，

(27＋18)×9−120＝285(m)

4 (1)2時のとき，短針は長針より30°×2＝60°進んでいます。

長針は1分間に，360°÷60＝6°進み，

短針は1分間に，30°÷60＝0.5°進むので，

2つの針が重なるのにかかる時間は，

$60°÷(6°−0.5°)＝10\frac{10}{11}$(分)

よって，求める時刻は，2時$10\frac{10}{11}$分です。

(2)求める時刻を2時□分とします。

長針がつくる角の大きさは，(6×□)°，短針がつくる角の大きさは，(60＋0.5×□)°より，

6×□÷2＝60＋0.5×□

3×□＝60＋0.5×□

線分図に表すと，次のようになります。

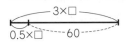

上の図より，

(3−0.5)×□＝60

2.5×□＝60より，□＝24

よって，求める時刻は，2時24分です。

🎯 **チャレンジテスト⑦**　p.110～111

1 1200

2 (1)4：1　(2)14　(3)8：1

3 (1)180時間　(2)2：1
(3)太郎さん103500円，
三郎さん28500円

4 (1)午後5時24分　(2)午後6時18分

📖解き方

① Aさんの所持金は，

$6400 \times \dfrac{9}{9+7} = 3600$（円）

Bさんの所持金は，

$6400 \times \dfrac{7}{9+7} = 2800$（円）

2人の所持金の差 $3600-2800=800$（円）が，
2人で分けた金額の比の差 $3-2=1$ にあたるので，はじめにとった金額は，

$3600-800 \times 3 = 1200$（円）

② (1)のう度を 10 ％にするのに必要な 15 ％の食塩水と6 ％の食塩水の量の比は，

ウ：イ＝$(10-6):(15-10)=4:5$

ア：ウ＝$5:1=20:4$

よって，ア：イ＝$20:5=4:1$

(2)(1)より，A に入っていた 15 ％の食塩水の量を⑳g，B に入っていた 6 ％の食塩水の量を⑤g，操作Ⅰと操作Ⅱで移した食塩水の量を④gとします。

はじめAに入っていた食塩の量は，

⑳$\times 0.15 = $③（g）

操作Ⅰにより，このうち，③$\times \dfrac{1}{5} = $⓪.⑥（g）が
Bに移ります。

操作ⅡでBから④gの食塩水をAに移し，これにふくまれる食塩の量は，

④$\times 0.1 = $⓪.④（g）

よって，操作Ⅱを行った後のAののう度は，

(③$-$⓪.⑥$+$⓪.④)$\div$⑳$=0.14$ より，14 ％

(3)操作ⅢでAとBから①gずつ食塩水を取り出して移しかえると，Aの食塩は，

⓪.⑭$-$⓪.⑩$=$⓪.⑭減ります。

AとBを合わせた食塩の量は，

③$+$⑤$\times 0.06 = $③.③（g）

操作Ⅲを行う前のAの食塩の量は，⑳$\times 0.14 = $②.⑧（g）

AとBに入っている食塩水の量の比は(1)より
4：1で，のう度の比が9：8なので，食塩の量の比は，

$(4 \times 9):(1 \times 8) = 9:2$

したがって，Aの食塩の量が，

③.③$\times \dfrac{9}{9+2} = $②.⑦（g）になればよいので，取り出す食塩水の量は，

(②.⑧$-$②.⑦)$\div$⓪.⑭$=$②.⑤（g）

よって，ア：オ＝⑳：②.⑤$=8:1$

③ (1)3人が1日で6時間ずつ5日間働いて終わる

仕事を1日目は三郎さんが6時間休んだために，最終日は3人が7時間ずつ働くと完成する予定でした。つまり，三郎さんが6時間する仕事量と，3人が1時間でする仕事量が等しくなります。よって，三郎さんが1人で仕事を終わらせると，3人でやったときの6倍の時間がかかるので，$6 \times 5 \times 6 = 180$（時間）

(2)三郎さんが1時間あたりにする仕事量を①とおくと，(1)より全体の仕事量は180，3人が1時間あたりにする仕事量は6となるので，太郎さんと次郎さんの2人が1時間あたりにする仕事量は，

$6-①=5$

初日は$5 \times 6 = 30$ の仕事をして，
2日目から4日目までの3日間は
$6 \times 6 \times 3 = 108$ の仕事をしました。

最終日は残りの$180-(30+108)=42$ の仕事を太郎さんと三郎さんの2人で 10 時間30 分で終えたので，1時間あたりに
$42 \div 10.5 = 4$ の仕事をしたことになります。

よって，太郎さんは1時間あたりに
$4-①=3$ の仕事をすることがわかります。

次郎さんは1時間あたり$6-(①+3)=2$
の仕事をします。よって，求める比は，2：1

(3)3人の仕事量はそれぞれ次のようになります。

太郎さん…$3 \times 6 \times 4 + 3 \times 10.5 = 103.5$

次郎さん…$2 \times 6 \times 4 = 48$

三郎さん…$①\times 6 \times 3 + ①\times 10.5 = 28.5$

次郎さんは48 の仕事量で 48000 円もらっているので，①の仕事量で 1000 円もらえることになります。よって，太郎さんは，

$1000 \times 103.5 = 103500$（円），

三郎さんは，$1000 \times 28.5 = 28500$（円）

④ (1)毎分①人が集まり，窓口1か所が1分あたりに①枚ずつ入場券を売るとすると，次の線分図がかけます。

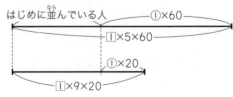
はじめに並んでいる人

上の図より，

①$\times 60 - ①\times 20 = ①\times 5 \times 60 - ①\times 9 \times 20$

⑳$= 120$ より，①$=3$

したがって，はじめに並んでいる人数は，

①$\times 9 \times 20 - 3 \times 20 = 120$（人）

1分間に集まる人数は窓口3か所分なので，8

54

か所の窓口のうち，8－3＝5（か所）ではじめ
に並んでいる人に入場券を売ると考えて，
$\boxed{120}÷\boxed{5}＝24$（分）より，午後5時24分に行
列がなくなります。

(2)決勝リーグの発売前に並んでいた人数は，
$\boxed{120}×5＝\boxed{600}$（人）で，毎分$①×5＝③×5$
$＝\boxed{15}$（人）の人が集まってきます。
はじめから最後まで窓口を16か所にしていた
とすると，
$\boxed{600}÷(\boxed{16}－\boxed{15})＝600$（分）かかります。実
際にかかった時間は，5時から7時16分ま
での136分です。よって，600－136＝464
（分）だけ早くなっているので，窓口を24か所
にしていた時間は，464÷(24－16)＝58（分）
したがって，窓口を16か所開いていた時間は，
136－58＝78（分）
よって，午後6時18分に窓口を16か所から
24か所に増やしたことがわかります。

🎯 チャレンジテスト⑧

p.112～113

1 2 km
2 (1)3：1 (2)240 m (3)毎分25 m
　(4)25分 (5)41分40秒
3 (1)46秒間 (2)72秒間
4 (1)63秒後 (2)毎秒3.3 m (3)2079 m
　(4)462 m

📖 解き方

1 1度目に出会うとき，2人の進んだ合計は，
2700×2＝5400（m）
したがって，2人が出会うのは，
5400÷(120＋60)＝30（分後）
60×30＝1800（m）より，Aから1800 mの地
点です。
2度目は，
1800×2
＝3600（m）
3600÷(120
＋60)
＝20（分後）
60×20
＝1200（m）
1800－1200
＝600（m）より，
Aから600 mの地点です。

3度目は，
(2700－600)×2＝4200（m）
$4200÷(120＋60)＝\dfrac{70}{3}$（分後）
$600＋60×\dfrac{70}{3}＝2000$（m）より，
Aから2 kmの地点です。

2 (1)上りの速さは，400÷40＝10（m/分）
下りの速さは，400÷(60－40)＝20（m/分）
静水時のボートの速さは，
(10＋20)÷2＝15（m/分）
川の流れは，20－15＝5（m/分）
よって，15：5＝3：1

(2)$400×\dfrac{36}{60}＝240$（m）

(3)グラフ②と③を重ね
ます。
右の図の⑤の時点で，
向きを変えると圏ま
での時間で300 m
下り，向きを変えな
ければ圏までの時間で500－300＝200（m）
上るので，上りと下りの速さの比は，
200：300＝2：3
上りと下りの速さの差は，川の流れから，
5×2＝10（m/分）
上りの速さは，10÷(3－2)×2＝20（m/分）
よって，静水時のボートの速さは，
20＋5＝25（m/分）

(4)500÷20＝25（分）

(5)下りの速さは，25＋5＝30（m/分）
$500÷30＝16\dfrac{2}{3}$（分）
よって，$25＋16\dfrac{2}{3}＝41\dfrac{2}{3}$（分）より，41分40秒

3 (1)時速75 km＝秒速$\dfrac{125}{6}$ m
$(10＋115)÷\dfrac{125}{6}＝6$（秒）
よって，30＋6＋10＝46（秒間）

(2)時速54 km＝秒速15 m
警報機(けいほうき)が鳴り始めたときの電車とふみきりの
位置は，次の図のようになっています。

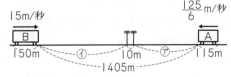

図の⑦の長さは，$\dfrac{125}{6}×30＝625$（m）なので，

①の長さは，1405－（10＋625）＝770（m）
Bの警報機が鳴り始めるのは，15×30＝450
より，Bの先頭がふみきりの450m手前に来
たときなので，

$(770－450)÷15＝21\frac{1}{3}$（秒後）

(1)より，このときはAの警報機が鳴っている最
中なので，図の状態からBの警報機が鳴り終わ
るまでずっと鳴り続けていることになります。
よって，求める時間は，
(150＋770＋10)÷15＋10＝72（秒間）

④ (1)往復で126秒の差がついたので，片道だとそ
の半分になります。したがって，
126÷2＝63（秒後）

(2)次郎さんの秒速は，378÷126＝3（m/秒）なの
で，太郎さんに出会ってから公園に着くまで
の時間は，
99÷3＝33（秒）
太郎さんが折り返してから次郎さんと出会う
までの時間は，
63－33＝30（秒）
よって，太郎さんの秒速は，
99÷30＝3.3（m/秒）

(3)学校から公園までの時間差は63秒で，99m
の時間差は33－30＝3（秒）なので，

$99×\frac{63}{3}＝2079$（m）

(4)公園から次郎さんが太郎さんに追いついた地
点までの時間は次郎さんのほうが63秒短く，
その地点から学校までの時間は18秒短くなり
ます。したがって，そのきょりの比は，
63：18＝7：2

よって，$2079×\frac{2}{7＋2}＝462$（m）

⚑ 総仕上げテスト① p.114～115

① 12
② 32 回転
③ 11.41 cm²
④ (1)56 個 (2)8 個
⑤ (1)3 cm² (2)18.84 cm³
⑥ (1)16 km (2)3：2 (3)毎分 200 m
(4)84 分後

---------- 📖 解き方 ----------

① のう度 7.5％の食塩水の量は，

300＋150＋30＝480（g）
6％の食塩水300gとx％の食塩水150gにふく
まれる塩の量と，7.5％の食塩水480gにふく
まれる塩の量は等しいので，

$300×\frac{6}{100}＋150×\frac{x}{100}＝480×\frac{75}{1000}$

$$18＋x×\frac{3}{2}＝36$$

$x×\frac{3}{2}＝18$ より，$x＝12$

② 歯車Aが8回転して進む歯の数は，
64×8＝512（枚）
歯車がかみ合っているとき，回転して進む歯の数
は等しくなるので，512÷16＝32（回転）

③ OBとQRの交わる角が110°より，
角BOR＝110°－90°＝20°
角BOQ＝45°－20°＝25°より，
角QOA＝90°－25°＝65°
中心角65°のおうぎ形から対角線6cmの正方形
の半分を取り除きます。

$6×6×3.14×\frac{65}{360}－6×6÷2÷2$

$＝11.41$（cm²）

④ (1)8個の頂点から3つを選んで並べる並べ方は
8×7×6＝336（通り）ありますが，3つの順
番は関係ないので，3つの文字の並べ方3×
2×1＝6でわって，
336÷6＝56より，56個の三角形ができます。

(2)1つの頂点から3方向に1辺ずつ進めた3つ
の頂点を結んだものが1個ずつできるので，
立方体の頂点の数と同じ8個あります。

⑤ (1)右の図のように点
Dをとると，
AC＝10－6
＝4（cm）
三角形(A)BCと
三角形ADCは相
似なので，
AD：AC＝(A)B：(A)Cより，
AD：4＝6：8　AD＝4×6÷8＝3（cm）
よって，(6－4)×3÷2＝3（cm²）

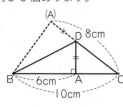

(2)底面の半径が3cmで高さが6cmの円すいか
ら，同じ底面で高さが4cmの円すいをくりぬ
いた立体になるので，

$3×3×3.14×(6－4)×\frac{1}{3}＝18.84$（cm³）

⑥ (1)6＋(18－8)＝16（km）

(2)弟に追いついてからA地点にもどるまでに，

兄は 6＋18＝24(km)進むので，
兄：弟＝24：16＝3：2
(3)兄が弟に追いつくまでの 18－6＝12(km)
　進む間に弟の進むきょりは，(2)より，

$12×\dfrac{2}{3}＝8$(km)

12－8＝4(km)を 20 分で進んだので，
4÷20＝0.2(km/分)より，毎分 200 m
(4)(2)，(3)より，兄の速さは，

$0.2×\dfrac{3}{2}＝0.3$(km/分)

弟が出発してから兄が追いつくまでの時間は，
12÷0.2＝60(分)
その後，折り返してきた兄と再び出会うまでの
時間は，
(6×2)÷(0.2＋0.3)＝24(分)
よって，60＋24＝84(分後)

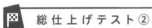

総仕上げテスト②　p.116～117

① $\dfrac{1}{5}$倍(0.2 倍)

② 13.6 cm

③ (1)9216 cm³　(2)8 cm　(3)3 cm

④ (1)17 通り　(2)13 通り

⑤ 6 日

⑥ 43.96 cm

⑦ 10 才

📖解き方

① 上りと下りの速さの比は，時間の比の逆比で
　1：2 です。上りの速さを①，下りの速さを②
　とすると，静水時の速さは，
　(①＋②)÷2＝①.5
　川の流れの速さは，①.5－①＝⓪.5 なので，2 倍
　になると①になります。したがって，上りの速さ
　は，①.5－①＝⓪.5，下りの速さは，
　①.5＋①＝②.5 となるので，速さの比は，
　⓪.5：②.5＝1：5

　時間の比は 5：1 なので，$1÷5＝\dfrac{1}{5}$(倍)

② 円柱の体積は，
　5×5×3.14×20＝1570(cm³)
　直方体の体積は，
　10×10÷2×10＝500(cm³)
　よって，(1570－500)÷(5×5×3.14)
　＝13.63…より，13.6 cm

③ (1)立体全体の体積は，

12×12×12×6＝10368(cm³)
2 つに分けた立体のうち点Hをふくむほうの立
体は，底面が三角形ＧＨＩ，高さがＥＨの三角
すいなので，その体積は，

$(12×2×12÷2)×12×\dfrac{1}{3}＝576$(cm³)

よって，求める体積の差は，
(10368－576)－576＝9216(cm³)
(2)右の図のように，左上に
立方体を 1 個加えて考え
ます。3 点Ａ，Ｂ，Ｇを
通る平面は，図の色のつ
いた部分になります。
三角形ＣＰＧと三角形Ｊ
ＫＧは相似（そうじ）なので，
ＣＰ：ＣＧ＝ＪＫ：ＪＧ
ＣＰ：24＝12：36
よって，ＣＰ＝24×12÷36＝8(cm)

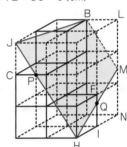

(3)右の図のように，
立方体を加えて，
全体を直方体にし
て考えます。3 点
Ｂ，Ｈ，Ｐを通る
平面は，図の色の
ついた部分になり
ます。三角形ＪＣ
Ｐと三角形ＭＬＢは相似なので，
ＭＬ：ＬＢ＝ＪＣ：ＣＰ　ＭＬ：12＝12：8
したがって，ＭＬ＝12×12÷8＝18(cm)
ＭＮ＝ＬＮ－ＭＬ＝36－18＝18(cm)
三角形ＨＭＮと三角形ＨＱＩは相似なので，
ＱＩ：ＨＩ＝ＭＮ：ＨＮ　ＱＩ：12＝18：24
したがって，ＱＩ＝12×18÷24＝9(cm)
よって，ＦＱ＝12－9＝3(cm)

④ (1)
赤－白－青〈白／青〉3 通り

白－青〈赤－白／白－青／青〈赤／白／青〉〉5 通り

青〈白－青〈赤／白／青〉／青〈赤－白／白－青／青〈赤／白／青〉〉〉9 通り

3＋5＋9＝17(通り)

(2)赤から並べ始める（なら）と，赤－白－青〈赤／白／青〉

1 個目が赤のとき，2 個目は白，3 個目は青に
なります。

⑤⑦

1	2	3	4	5	6	7	8	9

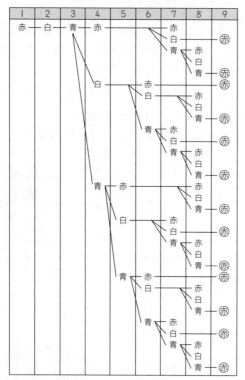

よって，13通り。

⑤ 1人が1日にする仕事量を1とすると，1日にはいってくる仕事量は，

$(1 \times 10 \times 24 - 1 \times 16 \times 12) \div (24-12) = 4$

最初にたまっていた仕事量は，

$1 \times 10 \times 24 - 4 \times 24 = 144$

したがって，

$144 \div (1 \times 28 - 4) = 6$（日）

⑥ 点Pが動いてできる曲線は，右の図で色のついた線になります。よって，

$6 \times 2 \times 3.14$
$\times \left(\dfrac{120}{360} \times 3 \right.$
$\left. + \dfrac{30}{360} \times 2 \right)$
$= 43.96$（cm）

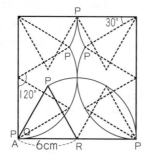

⑦ 3人の子どもの年れいは2才ずつはなれているので，3人の年れいの和は真ん中の子どもの年れいの3倍になります。したがって，現在のAさんと真ん中の子どもの年れいの比は，

$7 : (6 \div 3) = 7 : 2$

18年後の比は，

$2 : (3 \div 3) = 2 : 1$

Aさんと真ん中の子どもの年れい差は変わらないので，比の差をそろえて考えます。

	A	子	A	子
現在	7	2	⑦	②
18年後	2	1	⑩	⑤

⑩－⑦＝③ が 18年（才）にあたるので，
①＝6才
よって，現在の真ん中の子どもの年れいが，
$6 \times 2 = 12$（才）なので，一番年下の子どもの年れいは，$12-2 = 10$（才）

🏁 **総仕上げテスト③** p.118〜120

① (1)ア 4 イ 30 (2)36

② (1)2秒後 (2)14.4 cm² (3)12 cm²

③ (1)時速30km (2)8時40分 (3)5 km

④ 三角形ABC 45 cm²，
三角形BCD $\dfrac{225}{4}$ cm²

⑤ 時速97.5 km

⑥ (1)30 (2)20 (3)14 (4)16

📖 **解き方**

① 全体の仕事量を1とします。

(1)1分間の仕事量は，

2人では $\dfrac{1}{90}$，姉は1人で $\dfrac{1}{135}$ より，

妹は $\dfrac{1}{90} - \dfrac{1}{135} = \dfrac{1}{270}$ です。

よって，$1 \div \dfrac{1}{270} = 270$（分）より，4時間30分

(2)姉が $\dfrac{1}{9}$ の仕事をするのにかかった時間は，

$\dfrac{1}{9} \div \dfrac{1}{135} = 15$（分）

妹が仕事をした時間は，

1時間59分－15分＝1時間44分より，104分間なので，妹がした仕事量は $\dfrac{104}{270} = \dfrac{52}{135}$ です。

したがって，姉がした仕事量は，

$1 - \dfrac{52}{135} = \dfrac{83}{135}$ なので，仕事をした時間は，

$\dfrac{83}{135} \div \dfrac{1}{135} = 83$（分間）

よって，妹1人だけで仕事をしていた時間は，

1時間59分－83分＝36（分間）

② (1)$(6+10) \div (5+3) = 2$（秒後）

(2)DはCからAに向かって $3 \times 2 = 6$（cm）のところです。

三角形BCDの底辺をBCとすると高さは

$6 \times \frac{6}{10} = 3.6$ (cm) より，求める面積は，

$8 \times 3.6 \div 2 = 14.4$ (cm²)

(3) $(6+8+10) \div (5+3) = 3$（秒）より，
2回目以降は3秒ごとに出会います。
点Qは毎秒3cmずつ
動くので，

$3 \times 3 - 4 = 5$（cm）
より，

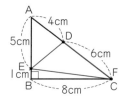

EはAからBに向かっ
て5cmのところ，

$3 \times 3 - 1 = 8$（cm）より，FはCのところになります。

三角形ABCの面積は，$8 \times 6 \div 2 = 24$（cm²）

三角形EBCの面積は，$8 \times 1 \div 2 = 4$（cm²）

三角形AEDの面積は，$5 \times 8 \div 2 \times \frac{4}{10} = 8$（cm²）

よって，$24 - 4 - 8 = 12$（cm²）

③ (1) 8時30分にA駅から30kmの地点ですれち
がうので，$(45-30) \div 30 \times 60 = 30$（km/時）

(2) $(45-20) \div 30 \times 60 = 50$（分）より，ふつう電
車がC駅に着くのは8時50分となり，ふつう
電車がC駅を出発するのは8時55分となりま
す。

ふつう電車がA駅に着くのは，C駅を出発し
てから $20 \div 30 \times 60 = 40$（分後）の9時35分
となります。

したがって，急行電車とふつう電車の運行のよ
うすは，次の図のようになります。

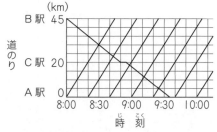

上の図から読み取ると，C駅を出発してからは
じめてすれちがうのは，8時40分に出発した
急行電車だとわかります。

(3) (2)の図から読み取ると，最後にすれちがったの
は，9時20分に出発した急行電車だとわかり
ます。

ふつう電車がC駅を出発してから9時20分
になるまでの時間は，9時20分−8時55分
＝25分なので，9時20分のふつう電車のA
駅からの位置は，$20 - 30 \times \frac{25}{60} = 7\frac{1}{2}$（km）よ
り，この後，2つの電車がすれちがうまでの時

間は，

$7\frac{1}{2} \div \frac{60+30}{60} = 5$（分）

よって，$60 \times \frac{5}{60} = 5$（km）

④
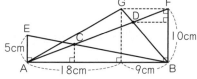

上の図で，三角形FCBと三角形ACEは相似な
ので，

BC：EC＝BF：EA＝10：5＝2：1

三角形ABCの底辺をABとしたときの高さは，

$5 \times \frac{2}{2+1} = \frac{10}{3}$（cm）なので，面積は，

$(18+9) \times \frac{10}{3} \div 2 = 45$（cm²）

三角形DFGと三角形DABは相似なので，

DF：DA＝FG：AB＝9：(18+9)＝1：3

三角形BDFの底辺をBFとしたときの高さは，

$(18+9) \times \frac{1}{1+3} = \frac{27}{4}$（cm）なので，面積は，

$10 \times \frac{27}{4} \div 2 = \frac{135}{4}$（cm²）

よって，三角形BCDの面積は，

三角形ABF － 三角形ABC － 三角形BDF

$= (18+9) \times 10 \div 2 - 45 - \frac{135}{4} = \frac{225}{4}$（cm²）

⑤ 時速12km＝時速12000m＝秒速$\frac{10}{3}$mなので，

CD＝$\frac{10}{3} \times 6$

＝20(m)

DM＝100−20

＝80(m)

右の図で，

EN：NC＝BM：MC＝100：100＝1：1より，

EN＝10+100＝110(m)

FN：ND＝AM：MD＝100：80＝5：4より，

FN＝(10+80)×5÷4＝112.5(m)

よって，列車の時速は，

(110+112.5−60)÷6×3600÷1000

＝97.5(km/時)

⑥ 水そう全体に入る水の量を1とします。

(1) 1分間に入れる水の量は，

細い管は$\frac{1}{105}$，太い管は$\frac{1}{42}$です。

(ア)は水そう全体が満水になったときなので，

$1 \div \left(\dfrac{1}{105} + \dfrac{1}{42} \right) = 30$(分)

(2) (イ)は水そう全体の $\dfrac{40}{60} = \dfrac{2}{3}$ に水が入ったときなので,

$30 \times \dfrac{2}{3} = 20$(分)

(3) (ウ)は太い管から入れた水が仕切りの高さまでたまったときなので,

$\left(1 \times \dfrac{1}{2} \times \dfrac{2}{3} \right) \div \dfrac{1}{42} = 14$(分)

(4) 仕切りの左右の底面積は等しいので, 左右の水面の高さの比は, 細い管と太い管が入れる水の量の比に等しくなり, $\dfrac{1}{105} : \dfrac{1}{42} = 2 : 5$

仕切りのC側の水面の高さが 40 cm なので,

(エ)は, $40 \times \dfrac{2}{5} = 16$(cm)